职业技能等级认定培训教材

咖啡师

（基础知识）

编审委员会

主　任：曾　艳

副主任：李　宏　童　晓

委　员：许正宏　刘海峰　刘　杰　彭海明　刘　丽　祁正有
　　　　王晶辉　陈舰飞　张林鸿　徐明发　郎彬昆

本书编审人员

主　编：伍旭东　蒋快乐

副主编：姜东华　杨　婧

编　者：王娅玲　罗发美　陈世伟　林　蓉　杨永林　董云萍
　　　　胥　佳　唐智英　张宝琼　何红艳

主　审：陈治华

中国劳动社会保障出版社

图书在版编目（CIP）数据

咖啡师.基础知识/普洱市检验检测院，国家市场监督管理总局技术创新中心（咖啡质量基础与产业服务）组织编写. -- 北京：中国劳动社会保障出版社，2024.（职业技能等级认定培训教材）. -- ISBN 978-7-5167-6719-1

I . TS273.4

中国国家版本馆 CIP 数据核字第 2024HZ2114 号

中国劳动社会保障出版社出版发行

（北京市惠新东街 1 号　邮政编码：100029）

*

北京市科星印刷有限责任公司印刷装订　　新华书店经销

787 毫米 ×1092 毫米　16 开本　13.75 印张　216 千字
2024 年 11 月第 1 版　2024 年 11 月第 1 次印刷
定价：35.00 元

营销中心电话：400-606-6496
出版社网址：https://www.class.com.cn

版权专有　　侵权必究

如有印装差错，请与本社联系调换：（010）81211666
我社将与版权执法机关配合，大力打击盗印、销售和使用盗版图书活动，敬请广大读者协助举报，经查实将给予举报者奖励。
举报电话：（010）64954652

前　言

《云南省"十四五"打造世界一流"绿色食品牌"发展规划》提出："到2025年，全省咖啡种植面积稳定在150万亩左右，咖啡生豆产量稳定在15万吨以上，其中精品咖啡比重达到20%以上，实现产业综合产值达600亿元以上。"人才培养是实现规划目标非常重要的支撑之一，目前咖啡师的相关培训主要依据《咖啡师国家职业技能标准》及咖啡师国家基本职业培训包（指南包　课程包）的内容来进行，但没有统一的教材，造成不同的培训教师对同一内容进行教学时出现解读不一致的情况，在此背景下编写一套科学实用的咖啡师职业技能等级认定培训教材尤为重要。

本套教材由普洱市检验检测院/国家市场监督管理总局技术创新中心（咖啡质量基础与产业服务）组织编写，内容严格参照咖啡师国家职业技能标准的要求，并结合产区特点，在种植、加工、食品安全、标准体系等方面进行了一定的拓展。本套教材分为《咖啡师（基础知识）》（下文简称"基础知识分册"）和《咖啡师（初级　中级　高级）》（下文简称"操作技能分册"）两本。基础知识分册主要内容包括职业认知与职业道德、咖啡基础知识、咖啡初加工、精深加工、咖啡礼仪、咖啡创新和经营管理、食品安全与法律等部分；操作技能分册主要内容包括初、中、高三个级别咖啡师应掌握的理论知识和操作技能。本系列教材的出版将填补咖啡师培训教材的空白，完善咖啡产业培训体系，推动咖啡从业人员技能水平的提升，助力"咖啡师"技能品牌打造。

本套教材的编写得到了普洱市人力资源和社会保障局、云南农业大学热带作物学院的指导和支持，也吸取了咖啡爱好者和相关企业的建议和意见，在此致以诚挚的谢意。并呈请广大读者及咖农、咖企对本书的不足之处提出宝贵意见。

国家市场监督管理总局技术创新中心（咖啡质量基础与产业服务）

目 录 CONTENTS

模块 1　职业认知与职业道德
　课程 1　职业认知 ……………………………………………………………… 3
　课程 2　职业道德与职业守则 ………………………………………………… 5
　课程 3　职业安全基本知识 …………………………………………………… 8

模块 2　咖啡品种与生物学特性
　课程 1　咖啡概述 ……………………………………………………………… 17
　课程 2　咖啡品种 ……………………………………………………………… 18
　课程 3　咖啡生物学特性 ……………………………………………………… 25

模块 3　咖啡种植管理技术
　课程 1　咖啡对生态环境的要求 ……………………………………………… 31
　课程 2　育苗技术 ……………………………………………………………… 33
　课程 3　咖啡园地的建立 ……………………………………………………… 37
　课程 4　咖啡园施肥管理 ……………………………………………………… 42
　课程 5　咖啡园土壤管理 ……………………………………………………… 48
　课程 6　修枝整形与截干复壮 ………………………………………………… 51
　课程 7　间、套种 ……………………………………………………………… 56

模块 4　小粒咖啡病虫害识别及防控技术
　课程 1　咖啡主要病害识别与防治 …………………………………………… 61
　课程 2　咖啡主要虫害危害特点与防治 ……………………………………… 68

模块 5　咖啡初加工
　课程 1　咖啡鲜果预处理 ……………………………………………………… 75
　课程 2　咖啡初加工工艺 ……………………………………………………… 77

课程 3　咖啡湿豆干燥 …………………………………………… 86
　　课程 4　咖啡豆脱壳分级初加工 ………………………………… 93
　　课程 5　咖啡豆质量评价 ………………………………………… 95

模块 6　咖啡精深加工
　　课程 1　咖啡烘焙 ………………………………………………… 109
　　课程 2　咖啡研磨 ………………………………………………… 116
　　课程 3　咖啡萃取 ………………………………………………… 119
　　课程 4　速溶咖啡生产与质量评价 ……………………………… 123
　　课程 5　咖啡产品与加工利用 …………………………………… 131

模块 7　咖啡师礼仪与顾客服务
　　课程 1　咖啡师个人礼仪 ………………………………………… 139
　　课程 2　咖啡师服务礼仪 ………………………………………… 142
　　课程 3　咖啡师顾客服务原则 …………………………………… 144

模块 8　咖啡店创新与经营管理
　　课程 1　咖啡文化与贸易 ………………………………………… 149
　　课程 2　咖啡选购 ………………………………………………… 152
　　课程 3　咖啡饮品的开发与营销推广 …………………………… 154
　　课程 4　咖啡店策划与经营 ……………………………………… 156
　　课程 5　培训与管理 ……………………………………………… 163
　　课程 6　咖啡店的运营 …………………………………………… 166
　　课程 7　咖啡电商平台运营 ……………………………………… 171

模块 9　食品安全相关法律及咖啡标准体系基础知识
　　课程 1　食品安全知识 …………………………………………… 181
　　课程 2　食品生产安全法律法规知识 …………………………… 187
　　课程 3　咖啡标准体系 …………………………………………… 197

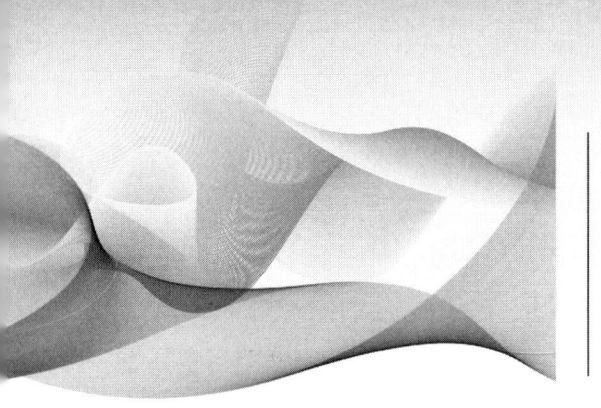

模块 1
职业认知与职业道德

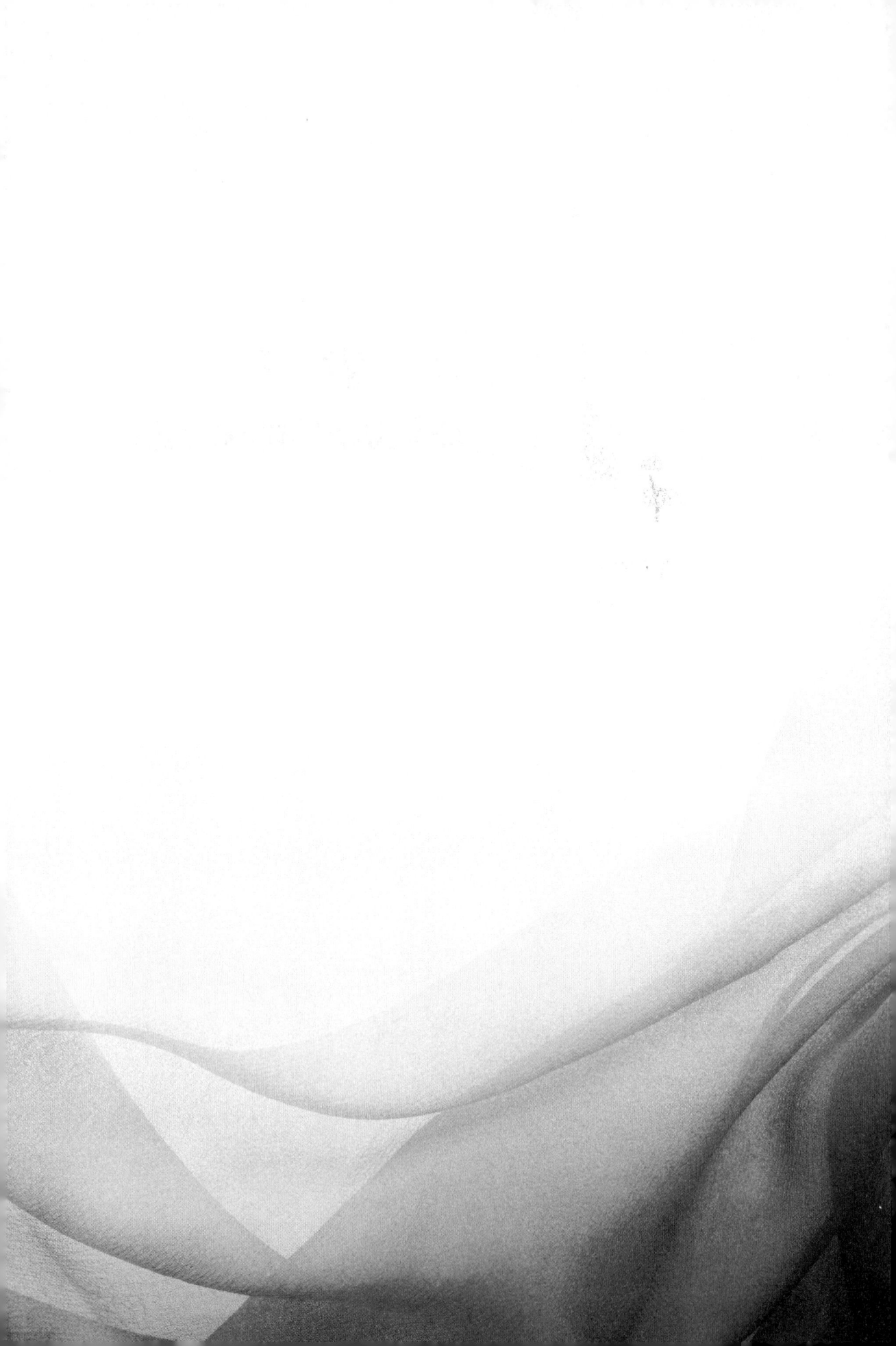

课程 1 职业认知

一、咖啡师简介

咖啡师是在咖啡馆或西餐厅等咖啡服务场所，进行咖啡拼配、焙炒、制作、销售及咖啡技艺展示工作的人员。

咖啡师共设五个等级，对从业者的要求是身体健康，感觉器官（视觉、味觉、嗅觉、触觉）正常，无明显体味。从业者需要具备的职业能力特征如下：具有一定的学习和计算能力，具有一定的视觉、味觉、嗅觉、触觉的鉴赏能力，手指、手臂灵活，动作协调，语言表达能力较强。

二、咖啡师工作内容

1. 咖啡制作和调配

咖啡师的主要职责是制作和调配咖啡。咖啡师应能根据顾客的需求，选择合适的咖啡豆，并用专业的咖啡机和设备进行研磨与冲泡。咖啡师要熟练掌握不同咖啡饮品的制作方法和配方，如浓缩咖啡、美式咖啡、卡布奇诺等。

2. 具备丰富的咖啡知识，掌握精湛的咖啡制作技能

优秀的咖啡师需要了解不同种类、不同产地的咖啡豆的风味特点，能识别咖啡豆烘焙程度等；具备咖啡机械设备的使用和维护技能；掌握咖啡的冲泡理论、方法和技巧，以保证咖啡的质量和口感。

3. 顾客服务

咖啡师是与顾客直接接触的人员，需要具备良好的服务能力。能亲切、耐心、顺利地与顾客交流，了解顾客的喜好和需求，根据顾客的要求制作咖啡饮品，及时解答顾客的疑问，并提供相关的咖啡知识和建议。

4. 清洁和卫生

咖啡师在工作过程中需要先清理咖啡机和设备，保持工作区域的清洁和卫生，以保证咖啡的品质和卫生安全。

5. 团队合作

在咖啡店中，咖啡师作为团队的一员，需要与其他员工协调工作、密切配合，以利于提高工作效率和服务质量，确保顾客的需求得到满足。

课程 2 职业道德与职业守则

一、职业道德基本知识

道德是社会意识形态之一，是人们共同生活及其行为的准则和规范。道德是以善恶为标准，通过社会舆论、内心信念和传统习惯来评价人的行为，调整人与人之间以及个人与社会之间相互关系的行动规范的总和。道德是一个庞大的体系，职业道德是这个体系中的一个非常重要的组成部分，是社会发展到一定阶段的产物。

职业道德有广义和狭义之分。广义的职业道德是指从业人员在职业活动中应该遵循的行为守则，涵盖了从业人员与服务对象、职业与从业人员、职业与职业之间的关系。狭义的职业道德是指在一定职业活动中遵循的、体现一定职业特征的、调整一定职业关系的职业行为准则和规范。是指人们在职业生活中应遵循的基本道德，是职业品质、职业纪律、专业胜任能力及职业责任等的总称。

《中共中央关于加强社会主义精神文明建设若干重要问题的决议》规定了各行各业都应共同遵守的职业道德五项基本规范，即"爱岗敬业、诚实守信、办事公道、服务群众、奉献社会"。

1. 爱岗敬业

爱岗敬业是社会主义职业道德最基本、最普通的要求。爱岗敬业既是对人们工作态度的普遍要求，也是对职业精神的基本诠释。爱岗就是热爱自己的工作岗位和本职工作，敬业就是要用恭敬严肃的态度对待工作，做到勤奋努力、精益求精、尽职尽责。

2. 诚实守信

诚实守信是做人的基本准则，也是社会道德和职业道德的基本规范。诚实就是言行一致，说真话、办实事、做老实人。守信就是信守诺言，讲信誉、重信用，忠实履行自己承担的义务。诚实守信是各行各业都应遵守的行为准则，也是社会主义道德规范最重要的内容之一。它要求人们在工作中做到实事求是、光明磊落、信守承诺。

3. 办事公道

办事公道是指对于人和事的一种公正态度，也是千百年来人们一直赞誉的职业道德。它要求人们待人处事要公正、公平。爱岗敬业，诚实守信是对从业人员职业行为的基本要求，而办事公道则体现了更高的职业素养。

4. 服务群众

服务群众就是为人民群众提供服务，是全体从业者通过互相服务促进社会发展、实现共同幸福的过程。服务群众是一种现实的生活方式，也是职业道德要求的基本内容。服务群众是社会主义职业道德的核心，贯穿于全社会职业道德之中的基本精神。服务群众作为职业道德基本规范，也是对所有从业者的要求，一个普通的从业者，作为社会的一员，既是别人服务的对象，又是为别人服务的主体。每个人都有权利享受他人的服务，也都承担着为他人服务的职责，这种服务与被服务的关系是相互的，体现了"我为人人，人人为我"的精神。

5. 奉献社会

相较于爱岗敬业、诚实守信、办事公道和服务群众这四项规范，奉献社会是职业道德的最高境界。奉献社会就是积极主动地为社会贡献力量，这是社会主义职业道德的本质特征。奉献社会自始至终体现在爱岗敬业、诚实守信、办事公道和服务群众的各项要求之中。奉献社会体现在职业活动中，就是全心全意为人民服务，为社会服务，为他人服务，不计较个人名利和得失。一个人无论从事什么职业的工作，不论在什么职业岗位，都可以做到奉献社会。奉献社会与个人的正当利益和幸福并不排斥；相反，一个自觉奉献社会的人，才能真正找到个人幸福的支撑点。

二、咖啡师职业守则

咖啡师职业守则就是与咖啡师的职业活动紧密联系的符合职业特点所要求的道德准则、道德情操与道德品质的总和，不仅是从业人员在职业活动中的行为标准和要求，更是本行业对社会的道德责任和义务。咖啡师职业守则应该包含以下几个方面的内容：

1. 热爱专业，忠于职守

热爱咖啡师工作，把自己的远大理想和追求落到工作实处，为自己从事的工作感到自豪，全身心投入工作，培养高尚的情操和优良的品质，充分发挥聪明才智，在平凡的工作岗位上做出非凡的贡献。忠于职守，确立高度的工作责任心。

2. 遵纪守法，文明经营

遵纪守法是一种公认的美德。我国是法治国家，《中华人民共和国食品安全法》是食品行业及从业人员必须遵守的法律。咖啡师作为食品行业从业者，应该学法、懂法、守法。在生产经营活动中秉承敬畏生命、安全第一的责任理念，将食品安全放在第一位，不生产经营对人体健康产生危害的食品，不销售假冒伪劣食品，不做虚假广告，宣传科学健康的消费理念。

3. 礼貌待客，热情服务

文明礼貌是中华民族的传统美德，咖啡师要礼貌待客，强化服务意识，真诚热情接待顾客，虚心听取顾客意见，顾客有误解尽量解释，不与顾客争吵。只有将服务意识深入内心，才能从细微处体现服务的真正价值并赢得消费者的信赖。

4. 真诚守信，一丝不苟

真诚守信，要求咖啡师向消费者提供货真价实的产品，提供符合规格的服务，收取合理的费用，杜绝欺诈行为，树立质量第一的观念。认真履行岗位职责，一丝不苟，严把质量关，不偷工减料，不以次充好，为客人着想。

5. 钻研业务，精益求精

钻研业务，精益求精是一项重要的职业守则。只有具备丰富的业务知识和熟练的职业技能，才能为消费者提供优质服务，为自身发展和进步打下良好基础。咖啡师的业务知识和职业技能的形成与发展，是不断积累的过程，咖啡师必须刻苦钻研，不断进取，养成严谨的作风，不断提高职业技能，为消费者提供优质服务，成为一名优秀的从业者。

课程 3 职业安全基本知识

一、职责意识和安全意识

咖啡师在工作中承担着服务、管理、安全等多重责任。责任意识体现在咖啡师对所提供的产品质量的坚守，对客户需求的满足，对品牌形象的维护，以及对生产过程的管控。"责任重于泰山、安全大于一切"。安全是咖啡师从业的首要责任、要求和技能，贯穿于咖啡生产制作的全过程、全周期。

提升安全意识、学习安全技能是咖啡师日常工作的基本要求和必备的职业素养。咖啡师对安全的认知应包括自身安全和他人安全，涵盖熟悉并遵守工作场所安全规程、掌握基本设备安全操作技能、做好食品安全保障、确保个人防护到位，还涉及基本水电安全及常用急救知识等。

二、安全基本知识

咖啡师应时刻保持警惕，遵守安全操作规程，及时发现潜在危险并迅速采取预防措施，妥善处理各类问题。

1. 人身安全

咖啡师在工作中应重视人身安全，全方位、全过程提高安全警觉意识。

（1）个人防护

工作中要根据需求配备合适的防护用品，一般情况下要佩戴防烫手套、防滑鞋、围裙等，女性在操作设备时应将长头发扎起来，以防头发卷入设备。如遇到有粉尘产生的操作环境，要佩戴口罩。还需注意合理安排工作时间和休息时间，避免因长时间连续工作导致注意力不集中而引发事故。

（2）规范操作

严格遵守咖啡机等设备的操作规程，掌握设备的操作方式和养护知识。在操作前要检查设备，尤其要注意管路、线路、水管是否破损，发现问题不得继续操作，及时维修。在使用设备时，若设备出现操作不顺畅、异响、突然停止工作等，要及时关闭机器、切断电源，防止由于内部元件过热等造成电路火灾。操作咖啡机、加热装置、研磨装置时，要避免因操作不当造成烫伤或割伤。

（3）清洁卫生

保持工作台和设备的清洁并定期消毒。及时处理工作环境中的潜在危险，如湿滑的地面、杂乱的电线、废弃物等。

（4）化学品操作

妥善存放和使用清洁剂、消毒剂等，使用前要阅读使用说明，使用时佩戴合适的防护装备，用后放置在安全、固定的位置。化学品不得与咖啡豆、配料等食品原材料放置在一起，以免造成污染，也不可放置在设备、线路旁，避免腐蚀设备、线路，引起安全隐患。要定期对清洁剂、消毒剂等更新，避免因化学品过期产生有毒物质。

（5）应急处理

学习常用急救知识，如心肺复苏、烫伤处理、创伤包扎等，以便在紧急情况下进行自救或救助他人。遇到紧急情况时第一时间进行合理处置和呼救，牢记救援电话，如119、120等。急救的第一条法则是如果不知道怎样处理时，就不要盲目尝试。对于骨折伤者，最好让其保持原来的姿势，等待救护人员到来。对于出血较多的伤者，急救的要点就是止血，可以用干净的布料盖在伤口上，或用手指压迫血管等方法止血。如果有人触电，首先要切断电源，如果无法切断电源，必须先用干燥的木棒或其他绝缘物品把触电者身上的电线拉开再施救。

2. 食品安全

食品安全责任重大，是咖啡师必须担负的重要责任，食品安全相关知识在本教材"模块九　食品安全与法律"部分会进行详细讲解。

3. 设备安全

咖啡师在操作设备时应当遵循以下要点。

（1）熟悉设备操作

在首次使用任何设备之前，仔细阅读制造商提供的操作手册和安全指南并透彻理解。

（2）定期维护

要定期对咖啡机等设备进行清洁和保养，确保各部件处于正常运行状态，避免因设备故障导致的安全问题。

（3）电源安全

保证所有设备正确接地，严禁使用破损的导线，使用前须检查设备是否有漏电现象。

（4）避免堵塞

保持研磨机、咖啡机的通道畅通，定期清理残留的咖啡渣和碎屑，避免堵塞和溢出问题。

（5）正确选用配件

使用与设备匹配的配件和耗材，以免使用不兼容的附件导致设备损坏或引发安全事故。

（6）适度使用设备

科学安排设备工作负荷，避免连续长时间运行导致设备过热和加速损耗。

（7）熟练掌握急停操作

熟悉紧急停机按钮或开关的位置，遇到紧急情况时能迅速切断设备电源。

（8）做好环境检查

在开始工作前，仔细检查工作环境，确保设备周围无障碍物且地面干燥，防止跌倒和碰撞等情况发生。

4. 化学安全

咖啡师在使用清洁剂、消毒剂或其他化学品时，必须严格遵循以下安全准则。

（1）了解化学品特性

熟悉所使用化学品的物理和化学性质，包括其毒性、腐蚀性、易燃性和反应活性等。

（2）正确穿戴防护装备

根据化学品的危险性穿戴相应的防护装备，如防护眼镜、手套、防护服等。

（3）存储安全

将化学品存放在指定的安全柜或容器中，避开阳光直射和高温的环境，确保储存区域通风良好。

（4）做好标签和标识

在化学品容器上正确标记，内容包括化学品名称、危险警示词和安全数据表信息。

（5）泄露应急处理

制定化学品泄漏应急预案，并提前准备好相应的吸收材料和清洗设备，确保在泄漏发生时能迅速、有效地进行处理。

（6）合规处理废弃物

按照当地法规和指导原则正确处理化学品废弃物，不得随意倾倒或混入普通垃圾中。

（7）防止交叉污染

使用专用工具和容器分别处理不同化学品，避免交叉污染和发生化学反应。

（8）确保通风良好

确保工作区域有良好的通风条件，特别是在使用挥发性化学品时确保通风良好。

（9）严格遵守法规

遵循有关化学品安全的法律法规要求，确保所有操作符合规定标准。

5. 消防安全

咖啡师应掌握以下消防安全技能。

（1）熟悉消防设施

了解店内或生产场地中灭火器的位置、类型及其使用方法。定期检查灭火器，确保其在有效期内且压力指示正常。

（2）熟练掌握灭火器使用方法

掌握使用灭火器的"PASS"原则，即拉出销钉（Pull）、对准火源（Aim）、压下把手（Squeeze）、左右扫射（Sweep）。

（3）积极预防火灾

保持厨房和工作区清洁，及时清理油渍和垃圾，不堆积易燃物品。

（4）制订紧急疏散计划

熟悉紧急出口的位置，制定科学合理的疏散路线和程序，定期进行疏散演练。

（5）学会初期火灾扑救

如果火势较小，可以使用灭火器或者湿毛巾等进行初期扑救。

（6）保持冷静

发生火灾时要保持镇定，快速准确地判断形势，并立即采取行动。

（7）及时报警

火势难以控制时，应立即拨打当地紧急电话报警。

（8）加强培训与教育

定期参加消防安全培训，学习最新消防知识和技能。

6. 其他紧急情况应对

为应对紧急情况，咖啡师应具备以下知识和技能。

（1）医疗急救

掌握基本的急救技能，如心肺复苏（CPR）、止血、处理创伤等，以便在有人受伤时能够及时提供急救。

（2）食物中毒

了解食物中毒的迹象和处理方法，如隔离受污染的食物、通知卫生部门、协助病患就医等。

（3）设备故障

掌握咖啡机和其他设备的基本故障排查和简单维修技能，以防止小问题发展成大事故。

（4）自然灾害

熟悉所在地区可能发生的自然灾害，如地震、洪水等，并制定相应的应对计划和疏散路线。

（5）紧急疏散

制订并熟悉紧急疏散计划，包括疏散路径、集合点以及如何指导顾客和员工快速安全撤离。

（6）沟通与报告

学会使用电话等通信工具，在紧急情况下及时向应急处理部门或服务机构报告情况。

三、安全意识提升措施

不断提升安全意识对咖啡师而言至关重要，这是提高危险防范和风险化解能力的基础，在日常工作和生活中需注意以下几点。

1. 积极参加培训教育

定期参加安全培训,学习新的安全知识和技能。

2. 认真对待模拟演练

通过模拟紧急情况的演练,切实提高应对突发事件的能力。

3. 学会认识安全标识

对工作场所设置的安全标识加以辨认,确认工作环境及每个操作步骤中可能存在的安全隐患。

4. 切实做好安全检查

定期进行安全自检和互检,积极配合有关部门的安全检查,加强相互监督,确保工作环境安全。

5. 及时反馈安全问题

及时发现工作中存在的安全问题并上报潜在风险,加强对安全问题的风险预测,推动安全问题处理措施的改进。

通过以上措施,咖啡师能够不断增强安全意识,降低工作中的安全事故发生率,营造更安全的工作环境,提升应对紧急情况的能力,确保在关键时刻能够保护生命财产安全。

模块 2
咖啡品种与生物学特性

课程 1 咖啡概述

咖啡原产于非洲，关于咖啡名称的来源说法不一，有说"咖啡"一词源自希腊语"Kaweh"，意为"力量与热情"，也有说源自阿拉伯语"Qahwa"，意为植物饮料。后来咖啡从非洲流传到世界各地，就采用其来源地"Kaffa"命名，直到18世纪才正式以"coffee"命名。咖啡、茶和可可并称世界三大无酒精饮料。咖啡的产量、消费量和经济价值均居三大饮料之首，在世界热带农业经济、国际贸易和人类生活中具有重要作用。

咖啡含有淀粉、脂类、蛋白质、糖类、咖啡碱、绿原酸、芳香物质和天然解毒物质等多种化学成分，因此在食品、医药用品和工业上具有广泛的用途。据国际咖啡组织（International Coffee Organization，ICO）统计，截至2019年，全球共有80个国家和地区种植咖啡，其产地主要位于赤道两侧南北回归线之间的热带地区，集中于亚洲、非洲、拉丁美洲、大洋洲等热带发展中国家。

烘焙后的咖啡被磨碎后用水煮，得到的饮品就是今天人们所喝咖啡的雏形。1900年，希尔兄弟用真空罐包装咖啡，研磨机得到广泛应用，烘焙店发展迅速；1901年，美籍日裔化学家瑟涛瑞·卡托在芝加哥发明了速溶咖啡；1906年，英籍化学家乔治·康士坦特·华盛顿在危地马拉开始批量生产速溶咖啡。

课程 2 咖啡品种

一、咖啡植物学分类

咖啡属于茜草科（Rubiaceae），咖啡属（Coffea）。

咖啡属分为四个组共 66 个种，其中真咖啡（Eucoffea）组有 24 个种，马斯加咖啡（Mascarocoffea）组 18 个种，帕拉咖啡（Paracoffea）组 13 个种，阿哥咖啡（Argocoffea）组 11 个种。

经人工驯化而大面积栽培的仅限于真咖啡这一组的小粒种 Coffea arabica L.（阿拉伯种）和中粒种 C. canephora Pierre ex A. Froehner（甘弗拉种也称罗巴斯塔 Robusta），这两种咖啡具有重要商业价值。而大粒种（C. liberica）和迪威瑞（C. dewevrei）仅少数国家有少量栽培。

下面介绍咖啡的主要栽培种类及品种：

1. 小粒种咖啡（Coffea arabica L.）

别名：阿拉伯种。

原产地：非洲埃塞俄比亚西南部和苏丹东南部海拔 1 000~2 000 m 的地区。初期主要作为药物食用，13 世纪当地人培养出烘焙饮用的习惯，16 世纪经阿拉伯地区进入欧洲，进而成为全世界人们共同喜爱的饮品。

产区：主要产地为南美洲、中美洲、非洲、亚洲，在我国云南、广西、福建、广东、海南等省区都先后引种栽培成功。

主要特征：常绿灌木，植株较矮小，高 4~5 m，分枝细长 0.7~0.85 m，节间短；叶片小而尖，呈卵状披针形或披针形，较硬，叶面革质，叶缘波纹细而明显；嫩叶绿色或古铜色，因此云南称为"绿顶咖啡"与"红顶咖啡"；单节果实数一般为 12~20 个，多者可达 25 个以上；在枝条上结果节密集连接成串，果肉较甜，种皮较厚，易与种子分离。鲜果与干豆比（以下称鲜干比）为 (4.5~5)∶1，种子较轻，每千克干豆 4 000~5 000 粒，但不同种植区每千克干豆数不同。

一般品种易感叶锈病及易受天牛危害。较耐寒耐旱，自然寿命可达 100 年，但经济寿命为 25 年左右。产品气味香醇，饮用质量佳，咖啡因含量为 0.6%~0.8%。

除此之外，小粒种咖啡还有很多变种，简要介绍如下。

（1）铁毕卡（C. arabica var. typica）

品种来源：埃塞俄比亚及苏丹东南部。品种特性：植株高大、顶芽和嫩叶古铜色，一般称为"红顶咖啡"，分枝细长，节间较长。生长较快，再生能力强，适宜种植在高海拔地区，管理要求较高。不抗叶锈病，易受天牛危害。豆粒大、产量低，但品质较好。

（2）波邦变种（C. arabica var. bourbon Choussy）

品种来源：布隆迪。品种特性：与铁毕卡相似，枝条较铁毕卡粗壮，叶片较铁毕卡宽大，嫩叶为绿色，一般也称为"绿顶咖啡"。

（3）卡杜拉变种（C. arabica var. caturra KMG）

品种来源：巴西（波邦变种）。品种特性：与铁毕卡、波邦相似。株型中等，产量较高。品质较好，不抗叶锈病。

（4）S288

品种来源：印度。品种特性：分枝紧凑，节间短，株型中等。对叶锈病有较强的抗性。品质一般。鲜果加工碎豆较多。

（5）卡蒂莫（Catimor）

品种来源：葡萄牙。品种特性：树型紧凑，分枝密集，节间短。抗叶锈病，产量高，适应性强，品质中等。易早衰。按品种名称分为 T 系列、P 系列，按顶芽的颜色分为红卡、绿卡等，目前 F5 和 F6 性状稳定。

（6）萨奇姆（C. arabica var. sarchimor）

CIFC 选育的杂交种 H361（Villa Sarchi CIFC971/10 × CIFC HDT832/2），从杂交种 H361 中选择了 5 个株系分发到咖啡种植国的不同研究机构。引入中美洲命名为 Sarchimor T5296。我国于 2012 年引进，培育出德热 4 号（德热 399），逐步在云南咖啡种植区推广。

（7）瑰夏（*Coffea arabica* var. *Geisha*）

埃塞俄比亚原生种。品种特性：植株高，冠幅中等，株形圆柱形，一分枝角度小，主干间距疏，果实红色，种子长椭圆形，豆粒中等，叶锈病中感。

（8）蒙多诺沃栽培种（Mundo novo cultivar）

起源地巴西，是由波邦与铁毕卡的高产品系天然杂交后代中选出的高产品种。产量比波邦和铁毕卡都高，且往往有不饱满或不稔实的现象。豆粒偏大，酸苦味平衡佳，环境适应性强，感叶锈病，生长慢。

（9）肯特种（Kent）

原产印度，是1911年由肯特（L. D. Kent）在自己的咖啡园中培育出来的高产品种，表现生势旺盛，对叶锈病和绿蚜有抗性，已在印度广泛栽培。

（10）SLN9

是埃塞俄比亚野生小粒种与抗叶锈病的蒂汶岛杂种再杂交选出的品种，表现抗叶锈病强，耐旱，产量高。

（11）K7

肯尼亚主要商业栽培种，源于Kent种，适宜在中低海拔种植，不抗叶锈病，但抗咖啡苦腐病。

（12）蒂汶岛种（Hibrido de Timor）

源于蒂汶岛，是小粒种与中粒种天然杂交种，是带有一个稳定的抗咖啡浆果病和叶锈病基因的抗原品种。

（13）SL28

肯尼亚主要的商业栽培种，主要种植在中海拔地区，品质好，但不抗叶锈病。

（14）SL34

肯尼亚主要的商业栽培种，主要种植在中高海拔、降雨量多的地区，不抗叶锈病，但品质优良。

（15）卡杜拉（Caturra）

巴西选育的波邦变种，不抗叶锈病，矮生高产，产量比铁毕卡高。曾在巴西和哥伦比亚大面积种植，目前新种植较少。

（16）鲁伊鲁-11（Ruiru-11）

肯尼亚咖啡研究所用SL28和SL34与抗咖啡苦腐病（CBD）的品种Rume sudan和抗叶锈病矮生品种经单交或复交选育出的F1代优良品种，其适应性广,在肯尼亚已大面积推广种植。

2. 中粒种咖啡（*C. canephora* Pierre ex A. Froehner）

别名：甘弗拉种,又称罗巴斯塔种（*Coffea robusta* L.）。

原产地：非洲刚果热带雨林区,栽培面积仅次于小粒种,分布于南北纬10°之间的低海拔地区。

产区：主要产地为巴西、东南亚各国,印度及非洲中部和东部。我国主要在海南省栽培。

主要特征：此种为常绿小乔木,自然寿命可达100年,但经济寿命为25年左右。植株中等,株高5~8 m,主干粗壮,枝干木栓化较迟,分枝细长而柔软,结实后下垂。叶片长而大,呈椭圆披针形,皱软而薄,叶缘波纹大而明显,叶脉密。叶片有光泽,先端尖。枝条结果多,单节果实数25~30个。

较小粒种有更强的抗病力。此种具有独特的香味（被称为"罗巴味",有些人认为是霉臭味）与苦味,一般被用在速溶咖啡、灌装咖啡、液体咖啡等工业咖啡生产上,或在拼配咖啡中少量运用。咖啡因含量2.0%左右。

3. 大粒种咖啡（*C. liberica* Bull ex Hiern）

别名：利比里卡（*C. liberica*）。

原产地：非洲利比里亚,世界栽培面积较小。

主产区：利比里亚、马来西亚、印度、印度尼西亚等国。适宜在低海拔地区种植。

主要特征：为常绿乔木,自然寿命可达100年,但经济寿命为25年左右。植株高大,高达10余米,主枝向斜上方生长,枝条粗硬,枝干木栓化最快。叶片大,呈椭圆或长椭圆形,革质,厚硬而有光泽,叶缘波纹极少。叶脉稀。枝条结果少,一般3~6个,着生稀疏,单位面积产量低,但单株产量高。果实大,长圆形,成熟时朱红色,果皮及果肉厚硬,果脐明显突起。鲜干比为（7~10）:1,每千克干豆1 300~2 600粒,种子外壳厚而硬。主根深,较耐旱,抗风,耐光,成龄树不用荫蔽,耐高温、潮湿或干燥等环境,抗寒力中等,最易感染叶锈病。产品有热带水果菠萝蜜味,饮用品质差,但可与其他咖啡混合加工,提高饮用质量。

主要品种有埃塞尔萨种（*C. excelsa* A. Chevalier）,也称迪威瑞（*C. liberica* var. dewevrei）。1905年在非洲刚果的查理河（Chari）被发现,故又称为查理种。

二、知名产区的咖啡品种

1. 埃塞俄比亚咖啡

卡法地区所产的阿拉比卡咖啡品质最佳且最为有名，口感饱满、味道柔和、香气浓郁、口味丰富、苦味宜人，品质出众。除卡法以外，耶加雪菲、哈拉尔、金比和西达摩也是埃塞俄比亚重要的咖啡产区。每个产区的咖啡豆都别具一格。其中，耶加雪菲产区咖啡风味独特，有浓郁的香气、丰富的柑橘与花香；哈拉尔产区以干法加工的特殊豆种"长豆（Long berry）"著称，这种咖啡有红酒香、水果香等味道；金比和锡达莫出产水洗咖啡，金比咖啡口感平衡，味道较哈拉尔产区的咖啡更浓郁；锡达莫咖啡更加清淡温和、口感顺滑、香气宜人。

2. 巴西山多士咖啡

产于南美洲的巴西，产量世界第一，约占全球产量的35%，属波邦种，因从山多士港输出而闻名，品质优良，味属中性带苦，弱酸性，可以单饮，亦可调配。

3. 哥伦比亚咖啡

产于南美洲哥伦比亚，主要种植阿拉比卡种，味道香醇，甘滑而带酸性，单饮或调配均受欢迎。

4. 蓝山咖啡

产于加勒比海地区牙买加的蓝山山脉，属阿拉比卡种，味道清香、甘柔滑口，为咖啡极品，其味道被作为品评咖啡的基准，有咖啡之王的美称。因其产量少、品质佳、多被富商和财团收购，流入市场极少。所以，常喝的多是味道接近蓝山口味的调配蓝山。

5. 曼特宁咖啡

产于印尼的苏门答腊，属阿拉比卡种，味苦但醇度强。可独饮或调配，一般很受男士喜爱。

6. 巴拿马咖啡

产于美洲巴拿马，其主要产区有4个，即波奎特、沃肯、圣克塔拉拉、坎德拉，阿拉比卡占比大，罗巴斯塔种植较少，波奎特产区主要栽种瑰夏、卡杜拉、铁毕卡品种，由于气候条件绝佳其咖啡风味口感丰富；沃肯产区主要种植海拔为 2 000~3 000 m，其风味具有更强烈的水果风干味。

7. 爪哇罗姆斯达咖啡

产于印尼的爪哇岛,属耐干旱、抗病虫害、易于生长的罗巴斯塔种,味苦,但苦中带香,特别是冷却后具独特香甘味,故适合调配冰咖啡。

8. 危地马拉咖啡

产于中美洲的危地马拉。主要种植小粒种,豆子略呈长形,表面青色、光泽鲜亮,酸性高,芳香高雅,适合调配。

9. 克里曼加罗咖啡

产于非洲东岸的坦桑尼亚境内乞力马扎罗山,产区海拔在 1 300 m 左右,主要是阿拉比卡种。通常拥有芳香、略带水果酸味、浓郁爽口的特质。

10. 夏威夷可那咖啡

产于夏威夷岛。此品种咖啡豆子外形呈大粒且扁平。颜色偏白绿色,酸味强。冲煮出来的咖啡具有葡萄酒色,味道爽美。

其他咖啡生产国还有越南、哥斯达黎加、萨尔瓦多、洪都拉斯、秘鲁、肯尼亚、纳比亚、多尼亚等。

三、不同主产地咖啡原料风味特征

1. 巴西咖啡

巴西为世界最大咖啡生产国,总产量世界排名第一,约占全球总产量的1/3。巴西咖啡较清淡,酸味低、坚果味重。

2. 越南咖啡

越南绝大多数咖啡都是罗巴斯塔种,由于萃取比例较高,这种咖啡豆常被用来制作即溶咖啡、罐装咖啡或三合一咖啡。越南咖啡有独特的香味和苦味,口感清淡。

3. 哥伦比亚咖啡

哥伦比亚咖啡在质量方面获得了其他咖啡无法企及的赞誉。哥伦比亚咖啡具有酸中带甘、苦味中平的特性。

4. 印度尼西亚咖啡

印度尼西亚咖啡闷香低酸、醇厚度佳,略带一点似中药及泥土的味道。其中,爪哇咖啡属于阿拉比卡种咖啡,有独特的气味,因油脂丰富而常被用来作为意式浓缩咖啡的配方之一;苏门答腊曼特宁咖啡酸味适度,带有极重的浓香味。

5. 埃塞俄比亚咖啡

埃塞俄比亚咖啡杂交品种较少，大部分为原生品种，浅度烘焙有独特的柠檬香、花香和蜂蜜般的甜香气，柔和的果酸及柑橘味，口感清新。

6. 洪都拉斯咖啡

洪都拉斯咖啡口味上酸性较弱，而焦糖甘甜味较重。

7. 墨西哥咖啡

墨西哥咖啡具酸性，芳香滑口，味醇厚，有强烈的酸甜味。

8. 危地马拉咖啡

危地马拉安提瓜产区的咖啡具有特有烟草味和牛奶巧克力的甜味。

9. 中国咖啡

中国咖啡在云南、海南、广东、广西、福建、四川等地均有种植。其中，云南省种植面积和产量均占全国95%以上，是中国咖啡主要产地。中国云南省种植的咖啡大部分为高产抗叶锈病的卡蒂莫系列品种。早前，国际上很多人认为该品种存在着草腥、涩感、豌豆味、尾韵不足，属于商业豆级别，但经过云南特殊的地理气候环境、本地种植驯化、蜜处理和厌氧发酵处理等加工方式的改进等影响，这些缺陷已得到充分的弥补，其优良品质也逐渐显现。海南省主要种植的中粒种咖啡，因咖啡因、绿源酸含量高，所以制成的饮品苦味和涩味比小粒种咖啡的重，醇厚度差，但其烤麦香味、巧克力味比较明显。

10. 巴拿马咖啡

巴拿马咖啡口感干净澄澈，明亮温顺，中等的醇度表现令人惊艳，有类似蓝山气质。

11. 哥斯达黎加咖啡

哥斯达黎加的塔拉苏产区咖啡颗粒饱满、酸度理想、清淡醇正、香气怡人，并且带有水果味及一些巧克力味或核果味的特殊风味。

12. 坦桑尼亚咖啡

坦桑尼亚咖啡少了点明亮的酸气，更显柔和温顺，多了份甜香，红酒气息浓厚也是其特点之一。

课程 3 咖啡生物学特性

一、植物学特征

1. 根

（1）根系的组成和形态

咖啡树的根系属直根系，由主根和侧根组成，圆锥形如图2-1所示为定植后1年半的咖啡根系分布示意图。小粒种咖啡3~4年龄结果树，主根一般深70 cm左右，主根受伤后常分生多条次生主根。

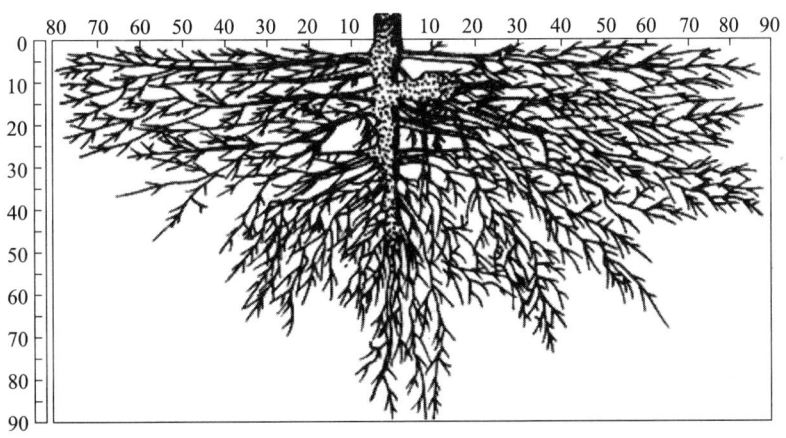

图 2-1　定植后1年半的咖啡根系分布示意图

（2）根系的分布

小粒种咖啡根系的分布因树龄、土壤、地下水位及栽培措施等不同而异。

1）垂直分布。咖啡的根系有明显的层状结构，一般每隔5 cm为一层，但大部分吸收根分布在深0~30 cm的土层内，尤其在15 cm以上的土层内最多，小部分分布在深 30~60 cm 的土层内，少量吸收根分布在深 60~90 cm 的土层内。在表层土的吸收根粗而洁白，在 30 cm 以下的则黄而纤弱。主根深超过 70 cm 时，往往变成细长并以吸收根形态向下层伸展。

2）水平分布。咖啡根系的水平分布通常超出树冠外沿 15~20 cm。咖啡根系的再生能力较强，在受害或被切割后恢复较快，7~10 天可长好愈合组织，萌发许多新侧根，新侧根长出根毛进行吸收，是最活跃的根系。

2. 茎

咖啡的茎又称主干，由直生枝发育而成。茎直生，嫩茎呈压扁形，绿色，木栓化后呈圆形，褐色。茎的节间长 4~7 cm，节间的长短受环境的影响很大，在过度荫蔽条件下，节间长达 20 厘米多。每个节上生长一对叶片，叶腋间有上芽和下芽。上芽发育成一级分枝，下芽发育成直生枝，直生枝可培育成主干（茎）。在同一个叶腋里，上芽一般只抽生一次，但下芽可抽生多次。

3. 叶

单叶对生，个别有 3 叶轮生的，绿色，革质有光泽，卵状披针形或披针形。叶片大小因品种不同而异，小粒种的叶片最小，约（12~16）cm×（5~7）cm，中粒种的叶片最大，约（20~24）cm×（8~10）cm，大粒种的叶片约（16~17）cm×（5~7）cm，和 20 cm×（6~8）cm。不同的品种品系，叶缘形状也不同，中粒种多为波浪形叶缘，小粒种叶缘波纹较小，大粒种叶缘则无波纹或波纹不明显。

4. 花

聚伞花序，数个簇生于叶腋内，每个花序有花 2~5 朵，无总花梗或具极短总花梗；花白色，芳香。花冠白色，长度因品种而异，一般长 10~18 mm，顶部常 5 裂，大粒种的裂片 7~8 片，裂片常长于花冠管。雄蕊数目多与花瓣数目相同，雌蕊柱头两裂，子房下位，一般为 2 室，也有 1 室或 3 室的。虫媒花，小粒种能自花授粉，大粒种及中粒种则为异花传粉。

5. 果

果为浆果，通常含有种子 2 粒，也有单粒和 3 粒。咖啡果实可分为下列几个部分：

（1）外果皮，硬膜质，未成熟前为绿色，将近成熟时为浅绿色，充分成熟时为鲜红或紫红色。

（2）中果皮，即果肉，是一层带有甜味和间杂有纤维的肉质物。

（3）内果皮，也称为种壳，是由石细胞组成的一层角质壳。

（4）种仁包括种皮（银皮）、胚乳、子叶、胚茎等部分。

二、生长开花结果习性

1. 树干的生长与树冠的形成

咖啡树具有明显的顶端优势现象，树顶部的枝条生势旺盛。但这种顶端优势现象随主干的逐年增高而减弱，一般到第4年，主干向上生长开始缓慢，而植株中下部则萌发直生枝。

咖啡树幼苗长出6~9对真叶时，便开始长出第一对分枝。在定植当年由于根系尚未发达，一般只长4~6对分枝。第二年生长量开始增大，一般可长出7~12对分枝。第三年生长量最大，平均可抽生14~15对分枝，如果管理良好，可以抽生16~18对分枝；这时下层也抽生少量二级分枝，开始形成树冠，并结少量果实。第四年进入结果期，以后主干生长逐渐减慢。在自然生长状况下，小粒种咖啡高达4~6 m。

咖啡主干的生长有较明显的顶端优势现象，主干叶腋有上下两种芽，上芽发育成水平横向的分枝，称为一级分枝，一级分枝上抽生的枝条叫做二级分枝，二级分枝上抽生的枝条叫三级分枝，从一、二级分枝上不规则抽生的枝条叫次生枝。

咖啡枝条的生长习性常因品种和所处环境的不同而异，小粒种咖啡除一级分枝结果外，二、三级分枝也是良好的结果枝，在气候温凉的高海拔地区，主干生长粗壮，节间短，二、三级分枝生长茂盛，结果良好，宜采用单干整型，以充分利用二、三级分枝结果。但在高温多雨的低海拔地区，主干生长迅速，二、三级分枝很少抽生，宜采用多干整型。

2. 开花习性

咖啡花着生于叶腋间，分枝及主干的叶腋均能形成花芽，但主要是在分枝上。咖啡花芽的形成与枝条内部养分及环境有密切关系，小粒种的花芽在10—11月开始发育。当年生枝条上也可以形成花芽。

咖啡花期因品种、环境的不同而异，云南小粒种咖啡花期在2—5月，2—4月为盛花期。咖啡花芽发育至最后阶段，需要一定的湿度和温度才能开放，如遇干旱或低温期，花芽就不能开放或开放星状花，其中介于正常花与星状花之间的花朵称为近正常花。星状花的花瓣小、尖、硬、无香味、黄色或浅红色，稔实率很低或不稔实。近正常花可以稔实，但稔实率比正常花要低。在花期，如遇干旱，通过灌水可以增加正常花，减少星状花。小粒种咖啡的花，一般在清晨3—5时初开，5—7时盛开，气温低于10 ℃时花蕾不能开放，气温在13 ℃以上时花蕾才能正常开放。

3. 结果习性

天气对咖啡的稔实影响很大，尤其是开花后2天内的天气变化对稔实影响最大。开花后晴天或阴天、静风、空气湿度大，有利于稔实。开花后如果遇干旱、刮西北风或连续下大雨，都不利于稔实。

咖啡果实初期发育较慢，小粒种开花后3~4个月，果实增长最快。咖啡果实在发育过程中有落果和干果现象，其原因除了受天气影响外，主要是受植株体内养分状况的影响。因此，加强施肥管理，改善植株体内养分状况，就有可能减少落果和干果，提高产量。

果实自开花至成熟所需的时间，小粒种咖啡需8~10个月，在当年的10月至次年2月成熟，盛熟期在12月至次年1月。

模块 3
咖啡种植管理技术

课程 1 咖啡对生态环境的要求

小粒种咖啡原产于非洲北纬 6°~9° 的埃塞俄比亚热带雨林下层，环境气温较低，年平均气温约 20 ℃。因此，小粒种咖啡耐寒性较强，适应性较广。中粒种咖啡原产于非洲刚果热带雨林区，年平均气温约 24 ℃，耐寒性低于小粒咖啡。

一、对温度的要求

热量条件是咖啡分布与生存的限制因素，小粒种咖啡宜植区应选择年平均气温为 17~23 ℃，月平均气温不低于 9 ℃ 的地区。中粒种咖啡需要较高的环境温度，宜植区年平均气温为 23~25 ℃，最低月平均气温不低于 15 ℃。

二、对海拔高度的要求

海拔高低是影响咖啡饮用质量的重要因素。据测定，海拔越高，酸度越大，浓度越小。云南省咖啡种植海拔在哀牢山以东地区（主要是红河州河口县和文山州）为 500 m 以下，在哀牢山以西地区为 800~1 500 m。中粒种咖啡主要种植在海拔 500 m 以下地区。

三、对水湿条件的要求

咖啡对水分的适应性较强。年降雨量 ≥ 700 mm 地区为咖啡适宜种植区域。

四、对光照的要求

咖啡是一种短日照植物，不耐强光，需要适当荫蔽。如果荫蔽不足，光照过强，生长会受到抑制，如果再加上水肥不足，就会出现早衰现象，甚至死亡。但反之，如果荫蔽过度，则会导致枝叶徒长，花果稀少，产量降低。

五、对风的要求

咖啡较喜欢静风环境，台风和干风对咖啡的生长发育不利。一般年平均风速在 1.5 m/s 以下，适合咖啡习性要求。部分地区在旱、雨季之交的 4—5 月有数次阵性大风，对咖啡影响不大。

六、对土壤的要求

咖啡属浅根性作物，要求疏松、肥沃、土层厚度 1 m 以上、地下水位 1 m 以下、排水良好的壤土或沙壤土，土壤有机质含量 2% 以上，pH 值 5.5~6.5 适宜。

云南省为我国咖啡产量最多、种植规模最大的省区，产量、种植面积均占全国的 95% 以上。从云南省全省环境条件分析，高纬度高海拔的热区气候较温凉，静风、沃土，多数地区水湿条件好。适生环境广泛分布，产量较高且品质优良，宜于发展小粒种咖啡。但高原地形复杂，立体气候明显，小环境多变，要认真做好宜植地选择和区划，并采取相应农业措施。

课程 2 育苗技术

咖啡树的繁殖方法主要有两种,即有性繁殖和无性繁殖。有性繁殖即采用种子繁殖,无性繁殖有嫁接、扦插及组织培养(快速繁殖,体细胞胚胎发生)等方法。小粒种咖啡为四倍体(44条染色体),是自花授粉植物,其遗传性状相对稳定,种子繁殖能在一定程度上保持母本的优良特性,因此小粒种咖啡以种子繁殖为主。中粒种咖啡为异花授粉植物,种子繁殖后代变异性大,应采用无性繁殖。下面介绍小粒种咖啡的繁殖。

一、选种制种

1. 选种

根据各地区气候、海拔、生态类型等因素,选择适宜的咖啡良种,高产、抗锈病、杯品质量好是首先需要考虑的因素。可供选择的小粒种咖啡品种有铁毕卡、波邦、卡突埃、瑰夏、德热397、德热399、德热401、云咖1、维拉萨奇等。

2. 制种

选择高产稳产、株形好、无病虫害、抗性强的5年生优良母树单株,采集充分成熟、果形正常、饱满、大小基本一致具有两粒种子的果实作种。采果后及时脱去果皮并进行发酵,以脱去果胶。发酵时间一般不超过10 h,以手搓捏种子感到粗糙不滑为宜。然后用清水洗尽胶质,除去浮起的不饱满豆,将洗好的种子摊晾于通风阴凉处进行自然干燥,切记不可暴晒。晾至水分含量在20%~30%时,拣除杂质、圆豆、大象豆、破损豆,即可催芽。种子一般放置于通风、干燥、阴凉的室内保存,保存时间不宜过长,保存3个月后种子发芽率明显下降。

二、苗圃地的选择、规划、整理

1. 选地

选择交通便利、靠近水源、静风、无霜、土壤疏松肥沃、土层深厚、排水良好、pH值为5.0左右的平地或缓坡地（坡度<15°）作苗圃。避免选用冷空气易进难出的狭谷地、凹地、竹地、菜地或水稻田作苗圃。

2. 整理

选好苗圃地后，在移栽或播种前2个月进行清地，深翻苗圃地25~30 cm，经暴晒一段时间后打碎土块，拣除石子，用杂草树根在田间烧取火烧土。用火烧土育苗，苗生势强壮，可减少有机肥的施用，减少杂草生长，降低育苗成本。

3. 装袋

为了方便取苗运输，缩短苗木移栽大田后的恢复生长期，提高定植成活率，宜采用塑料袋移苗。苗圃地整理后，以1.5份腐熟优质有机肥与8.5份细土加2%磷肥拌匀成营养土，装入塑料袋。营养袋按苗床位置成行成畦摆整齐，根据袋子的大小每行可摆10~15袋，每亩（1亩=666.7 m²）可育32 000~43 000株。塑料袋规格为13 cm×15 cm、16 cm×18 cm、20 cm×25 cm，隔年苗定植宜采用20 cm×25 cm的塑料袋，以保证咖啡苗根系在营养袋内有足够的空间生长，减少弯根苗。

4. 播种催芽

（1）播种量

小粒种咖啡种子每千克有3 800~4 200粒，采种后两个月内播种催芽，出苗率达95%以上，可移苗3 400~3 799株。一般情况下，播1 kg种子需催芽床1.5~2 m²。贮存3个月后才进行播种时，要适当增加播种量。

（2）催芽时间

尽量避过低温期，以免气温较低而出苗慢，出苗不整齐，出苗率低，甚至造成烂种。一般在2—3月催芽为宜。

（3）种子处理

播种前用清水或始温为45 ℃的温水或者1%硫酸铜溶液浸种24 h。浸种时可加浓度为0.3%的硼砂溶液。

（4）催芽方法

在苗圃地适当位置建立催芽床，规格视播种量和地形而定，一般宽100 cm，深10~15 cm，铺满干净河沙，整平后将处理过的种子均匀地撒在沙面上，用平板将种子轻压入沙中与沙面平，上面盖一层薄沙，厚度以不见种子为宜，在沙面上盖一层厚度为3~5 cm的稻草或茅草，最后均匀地淋透水。低温期催芽时，可在草面上铺盖塑料薄膜、遮阴网以提高温度，促进发芽。待20天左右少数苗出沙面时小心地揭除盖草，并搭好具有80%~90%的荫蔽度的荫棚，继续淋水管理。

（5）催芽床的管理

催芽床的管理主要是淋水，以保持沙湿润为宜，其次是病虫害的防治。病害主要是小苗猝倒病，为防止发生猝倒病，催芽前用600倍液多菌灵均喷催芽床及四周进行消毒处理，在催芽过程中可适时喷药进行预防。发生小苗猝倒病时，应及时隔离病区，进行消毒处理，清除病原。虫害主要是蚂蚁、大头蟋蟀、地老虎，防治办法是用辛硫磷、马拉硫磷、乙酰甲胺磷、杀螟丹（巴丹）喷洒在催芽床及四周。

5. 搭荫棚

苗圃地移栽小苗前须搭荫棚。荫棚的大小可根据地形及荫蔽材料而定，大荫棚高1.8~2 m，柱架坚牢，棚顶材料可根据种植者的经济情况而定，可以就地取材，用树叶、稻草、甘蔗叶、棕榈科植物叶等铺盖，也可用遮阴网。搭好的荫棚要求荫蔽度达80%左右。

6. 幼苗移栽

种子出土后，在子叶平展，真叶尚未长出前移苗。移苗前催芽床及营养袋要充分淋水，起苗时尽量保护根系，随起随移植，注意保持幼苗根系湿润，移苗时按不同大小的苗分组分别移植，以方便管理，植苗深度要与原来催芽床深度相同，不能过深，以免影响幼苗生长。主根不能弯曲，过长者可适当短截栽正。移苗后淋足定根水。

7. 幼苗管理

（1）补苗

小苗移植后15天内及时将死苗、被害虫咬断苗的缺株补齐，以达到苗全、苗齐。

（2）淋水

视天气及苗床土壤湿度淋水，以保持土壤湿润为宜，要保证发新根又不因为水分过多而烂根或已发新根的苗发生立枯病。出圃前半月适当减少淋水,以便取苗运输。

（3）除草、培土

幼苗移栽后要及时拔草。随有草随拔出。由于淋水会使袋内土壤流失,需进行适当培土。结合除草进行培土,有根外露的应培土埋根,有斜倒的苗应扶正。

（4）施肥

幼苗长出2~3对真叶时施第一次水肥。按照1∶5的比例将腐熟畜禽粪便和清水兑成清粪水,或其他枝叶绿肥沤成水肥+0.5%尿素在行内淋施,施肥时肥料不能接触叶片。以后视苗情1~2个月追肥一次,施肥时可加少量过磷酸钙或氮磷钾复合肥。肥料浓度随苗龄的逐渐增大而增加,出圃前1~2个月停止施肥,使苗木稳定,以利于定植后的成活。

（5）调整荫蔽度

幼苗移植初期荫棚荫蔽度为70%~80%,3对真叶期早晚可打开荫棚,锻炼苗木的耐光性,荫蔽度可逐渐减至50%~60%,5~6对真叶期荫蔽度为40%,以后保持20%~30%的荫蔽度。但注意要逐步减小荫蔽度,不可让苗木荫蔽度在短时间内变化太激烈。待出圃20~30天,根据苗的封行情况趁阴天或雨天全部拆除荫棚,使苗得到光照锻炼,增强大田植后对环境的适应能力。

（6）病虫害防治

在苗圃期内一旦发现褐斑病、立枯病,及时用0.5%波尔多液或多菌灵600倍液喷雾防治,每7~10天喷一次,连续喷2~3次。若发现蚂蚁、大头蟋蟀等危害,用毒饵诱杀。

8. 苗木出圃及壮苗选择

（1）出圃时间

苗木出圃时间依定植计划而定。定植的时间与各地的气温、雨量、灌水条件、劳动力安排有关。

（2）壮苗标准

当年育苗当年定植,所有苗木应有5个月的生长期,苗木生势健壮高度20 cm以上,茎粗0.3 cm以上,具有5对以上真叶。如果是隔年苗定植,苗龄达10个月以上。塑料袋苗,苗木株高30 cm以上,茎粗0.5 cm左右,分枝1~3对;地播苗,苗高40 cm以上,离地10 cm处茎粗0.6 cm,具有2~3对分枝。

课程 3 咖啡园地的建立

一、宜植地选择

宜植地应选择在年平均气温 19~23 ℃、冬暖夏凉、不见霜且无冰雹、坡度 25° 以下、地形开阔的地段。宜植地水湿、土壤等条件要求见本模块课程 1。

二、宜植地规划设计

1. 划分小区

按山头和坡向划分,阴、阳面一定要分别划分出小区,一般 25~30 亩为一个小区。

2. 园区道路规划

咖啡园的道路设置应与小区相配合,分为园区主干道、园区生产路和步行道。

（1）园区主干道

脱皮加工厂至居民点、咖啡园主要道路,路基宽一般 3~4 m,路面宽 3 m,纵坡小于 8%,弯道半径大于 15 m。

（2）园区生产路

园内作业与运输道路,连接田间步行道,路面宽一般 2 m,纵坡小于 10%,弯道半径大于 10 m。

（3）步行道

园中步行道路,山丘坡地在梯地间设置之字路,路面宽 1 m 左右。

3. 水利设施的规划建设

在园内适当位置建造若干水窖、水肥池,以方便喷肥、打药取水。

（1）水窖建设的数量

以小区为单位，每个小区20亩咖啡园，建造12 m³的小水窖或水池3个，可满足园地农用水的需要。

（2）水窖建设的位置

在种植园区选择有一定的集水面积，能产生一定的地表径流的地方建造。

（3）规格

开挖深3 m，直径2.5 m，上口直径0.8 m向下挖0.6 m后逐渐向两边拓宽至2.5 m，下底宽1.0 m，将池壁及底部铲平，或者使用钢模建造。做成大肚酒瓶状，混凝土浇灌池壁和底部。在地表径流来水的方向齐地面砌起一个喇叭口形成进水口，在距离水口50 cm处，挖一个长50 cm、宽50 cm、深60 cm的缓冲沉淀池。

（4）维护

雨季来临前，对蓄水池逐个进行检修，发现破损及时修补，并清理缓冲池及进水口的淤泥、杂草和乱石，疏通地表径流通路，水窖需加盖。

4. 防风薪炭林规划

在山头、沟箐和坡度比较陡的地方保留部分树木或人工栽种部分树木，作为防风薪炭林。在干道、支道和排水沟两侧，营造由1~2行树木组成的防风林。树种选用西楠桦、铁刀木、青冈栎等。株距为2~6 m。

三、咖啡种植园的开垦

1. 咖啡园开垦的质量要求

（1）留表土。

（2）清除杂物。

（3）水土保持工程，梯田或环山行等。

（4）按标准开垦，施足基肥。

（5）选留一些荫蔽树，保护山顶、山脊原生植被不受破坏。

2. 咖啡园开垦的程序和方法

定基线→清园→定标→修梯田、挖定植沟（槽、穴）→回表土、施基肥→确定种植密度。

（1）定基线

砍林带边线定出林段边界（全垦时可省略）。

（2）清园

雨季结束后至次年2月，清除园内高度超过30 cm的杂草和灌丛，以利开沟筑台。保留防风薪炭林、水源林，选留园中速生、抗性强、适应性广、非咖啡病虫害寄主的散生独立树作荫蔽树。

（3）定标

如图3-1所示，基线定好后，定标顺序由坡顶往下进行，先确定第一梯的位置（A点），取2 m长的直杆以A点为一个端点抬平，再在另一端垂直放下另一根直杆至地面，则下一个梯田的起点等于2 m加上这根垂直木棍从地面到水平木棍处的高度（CD）。即AB（AB=AC+CD）的距离为第一行台面的距离，同时B点也是第二行的起点，在B点定桩；用锄头或木桩或石灰等作为标记。所有台面的定标以此类推。

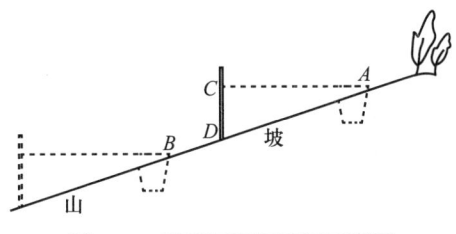

图3-1 咖啡园开垦定标示意图

（4）修梯田

5°以下平缓园地采用"十字"定标来确定种植穴的位置；5°以上坡地修筑等高梯地，梯地面宽1.8~2.0 m，梯地内倾3°~5°。

（5）挖定植沟

开挖种植沟时间为10月至次年4月，沿等高线开挖。定植沟口宽60 cm、深50 cm、底宽40 cm。开沟作业于雨季前结束。

（6）回表土、施基肥

一般每株施农家肥3~5 kg，磷肥0.1~0.2 kg。于雨季来临前，将有机肥、磷肥与表土拌匀回填定植沟内，回填后沟面应高于台面15 cm以上。鼓励农户多投入农家肥，用量可达1 000千克/亩（3.0千克/塘），要求与表土混匀。

（7）种植密度

依据品种特性和地貌条件合理密植。株行距（0.8~1.2）m×2 m，每亩种植280~330株。山头及梁子地段适当密植。

四、咖啡苗木定植技术

1. 定植时间

抗旱定植：2—3月，必须有灌溉条件。常规定植：5—7月，雨季来临后。阴天或毛雨天，土壤湿润时定植，晴天定植宜在上午11时前和下午4时后进行，并淋足定根水。烈日下、大雨天、大风天气不宜定植。

2. 选苗

品种纯正，苗木健壮，叶色浓绿。

当年苗：株高15 cm以上，4~5对真叶，茎基部已木质化。

隔年苗：株高15~30 cm，6~8对真叶，无分枝的苗木为宜。

3. 炼苗及运输

炼苗：出圃前1个月逐步调整遮阴度，由80%逐步下调为30%，防止发生日灼病，提高成活率。苗木出圃前1周不浇水。

搬运：减少损伤，摆放整齐、放直。

4. 挖定植穴、施定植肥

（1）挖定植穴

定植株距为100 cm，在定植塘中心挖深15 cm、宽30 cm的定植穴，要求将穴土锄细。

（2）施定植肥

如果种植塘回土时未施基肥则定植时补施基肥，已施基肥的不再施用，定植穴挖好将基肥施入穴内，并与表土混匀。

（3）撕除营养袋

必须将营养袋彻底撕干净，并将撕下的营养袋集中处理，切不可不撕营养袋就定植。

（4）剪弯根

将弯曲盘旋在营养坨底部的根系剪除干净。

（5）定植苗木

将苗木植入穴中，要求主杆直立不歪斜。

5. 回土压实

（1）回土

将肥土回填在营养土柱周围，并用手轻轻压实，盖土厚度约2~3 cm，回土后要求根部土壤呈"凹"状,而不能为"凸"起状。

(2)撒施杀虫剂

培土三分之二后撒入毒·辛等杀虫剂5克/株。

6. 浇定根水

抗旱定植必须浇足定根水,每株 5 kg 左右;没有灌溉条件的要求雨季定植。

7. 修整平台、覆盖

修整平台:种植面宽 1.5~2 m,内倾 3°~5°。

覆盖:可采用塑料薄膜和稻草进行覆盖。

8. 种植临时荫蔽树

在雨季来临前的5—6月,沿外台面边缘点播猪屎豆或山毛豆种子,间隔 50~100 cm,每穴 3~4 粒。荫蔽树若与咖啡同期种植,则不能为咖啡提供荫蔽条件,此时,应在咖啡苗东西两侧插树枝遮阴,或搭临时遮阴网。荫蔽度控制在 50% 左右。

9. 其他事项

定植一周后要及时查苗补缺,并建立咖啡园档案(种植品种、定植时间、种植面积等相关信息)。

课程 4

咖啡园施肥管理

一、咖啡必需营养元素及功能

咖啡树生长需要的主要营养元素有氮（N）、磷（P）、钾（K）、钙（Ca）、镁（Mg）、铁（Fe）、锌（Zn）、硼（B）、硫（S）等，当肥料不能满足生长需要或含量不平衡时，叶片会表现缺素症状。咖啡必需营养元素的生理功能及缺素表现见表3-1。

表3-1 咖啡必需营养元素的生理功能及缺素表现

元素	生理功能	缺素表现
氮	构成蛋白质必不可少的元素，促成新叶和新枝的生长	长势差；结果枝少、产量下降；叶色淡绿或黄化，叶片小
磷	供给植物生长所需能量，是细胞核蛋白的组成成分，促进细胞的增殖，促进根系、木质部和花芽的生长	生长差；产量低；质量差
钾	促进光合作用、水分控制以及对各种物质的传递及果实的形成	易有缺水症状；易受病害侵袭；落叶多；产量低；质量差
钙	可以中和叶片内部代谢反应所产生的有机酸，参与植物体内糖分的运输，促进花、顶芽和根系的生成	顶芽及根茎的生长减弱、畸形；果实质量差
镁	叶绿素的组成成分，使酶活化	光合作用下降，咖啡豆质量差（咖啡褐色豆比率升高）

续表

元素	生理功能	缺素表现
铁	有助于形成叶绿素，使酶活化	降低光合作用能力；商品豆质量差（咖啡豆硬度低，琥珀豆多）
锌	使酶活化	新生长的组织短小；开花很少；抗病能力减弱；产量下降；咖啡豆的颜色为浅黄、黄及黄褐色
硼	有助于蛋白质的合成、各成分的相互转换及激素的生成	新生组织遭到破坏；果实养分含量低；产量低（出现开花不结果）；质量差
硫	蛋白质的组成成分	生长和坐果率降低

二、咖啡需肥规律及特点

1. 幼龄树需肥规律

1~3年生的树龄：以营养生长为主，以扩大根系、形成树冠为主要生长目的。肥料以氮肥为主，磷肥、钾肥为辅，要勤施和薄施。

具体做法：定植后1个月，第一次施肥，以后每隔2个月左右施水肥一次，每年施肥4~6次。

2. 成龄树需肥特点

定植后第三年开始进入投产期。生长特点：初期以营养生长和生殖生长并进，后期以生殖生长为主。肥料种类：除需大量的氮、磷、钾外，还要增施钙、镁、硼、锌、硫肥等。

3. 成龄树不同生育阶段的营养特点

（1）初花期

咖啡采果结束后，树体处于恢复期，同时进行花芽分化期，此时叶片中氮含量较高，镁含量较少。

（2）幼果期

需肥高峰期，营养生长与生殖生长并进，此时叶片中的营养含量高，但钙含量低。

（3）第一批果实成熟期

少量果实开始成熟，进入果实采收期。叶片中的钾、镁等元素转移到果实中，叶片中的氮含量还较高，钙有所积累。

（4）果实采收末期

果实成熟采收会带走大量元素，植株体内的营养元素均被消耗，此时叶片中的氮、磷、钾、钙含量持续下降。果实采收后期，植株体内的镁含量减少，但叶片中镁的含量比前期要高。

4. 投产树需肥特点

咖啡树生长发育需肥量较大。据计算：咖啡园每生产1吨鲜果就带走氮（纯氮）7.8 kg，五氧化二磷1.14 kg，氧化钾7.9 kg，氧化钙2.5 kg，氧化镁0.19 kg，此外还有微量元素。而维持树体自身生长养分的需求量为果实带走量的3~4倍，施入土壤中的肥料不能全部被吸收利用，氮肥的利用率仅为50%，磷肥为30%，钾肥为40%，其余被土壤固定或挥发、流失。故要根据实际情况，在施肥中考虑多方因素的影响，做到有目标的施肥，达到高产、高效、安全的目的。

三、咖啡施肥技术

1. 肥料种类

（1）有机肥

有机肥包括家禽粪便、人粪尿、植物秸秆、咖啡果皮、咖啡豆壳、塘泥、油枯、沤肥、堆肥、动物厩肥、经过加工的有机肥等。

（2）化学肥料

1）氮肥。尿素、硝酸铵、氨水、碳酸氢铵等。常用的尿素用于追肥。

2）磷肥。过磷酸钙、钙镁磷肥、磷矿粉等。开沟时可用钙镁磷肥或磷矿粉。磷酸二氢钾用作叶面施肥。

3）钾肥。硫酸钾、氯化钾等，常用的硫酸钾主要用于追肥。与其他作物相比，咖啡需钾更多。

4）复合肥。三元复合肥：一般常用的氮、磷、钾比例为15∶15∶15，该肥料对咖啡效果较好。二元复合肥：含有两种元素的肥料。

5）中量元素肥。含有植物生长所需的钙、镁、硫元素的肥料。

6）微量元素肥。硼肥、硫酸锌等。

7）土壤调理剂。泽土、硅钙镁、蒙脱石、麦饭石、牡蛎壳、生物炭等。

2. 幼龄树施肥

定植1~2年内，主要满足幼树营养生长需要，应以氮肥为主，适当施用磷钾肥，以促进树冠的形成和根系的发育。畜禽粪便或绿叶沤肥亦可施用，特别是在旱季，效果更好。一般定植后1个月，植株恢复生长时施第一次肥，在雨季期间施三次肥。施肥应少量多次，勤施、薄施。可配制尿素或复合肥水溶液，浓度0.5%，每株施1 L，也可以沿树冠外围挖浅沟施尿素或复合肥，每株50~70 g，施肥量随着树冠的增加而增加。

3. 成龄（投产）树施肥

每年施4次，土壤施肥3次，主要施春肥、夏肥和秋肥，叶面施肥1次。结果咖啡园每亩每年施配方复合肥65 kg，春肥、夏肥和秋肥各次施肥量可按施肥总量的38%、24%、38%的比例分配。有机肥每亩施肥量为500 kg，在秋季与配方复合肥混匀沟施。

（1）2—3月施春肥

气温回升，植株恢复生长，开始现蕾开花，及时施肥有利于咖啡植株恢复树势，促进花芽分化和开花，减少大小年。雨量少的地方，要先灌溉后施肥。开花结果期，根据植株长势补充适量促花肥和壮果肥。

（2）5—6月施夏肥

攻果肥，促进果实快速生长。

（3）8—9月施秋肥

果实趋于成熟，施肥可提高咖啡果实饱满度，增加籽粒重，提高咖啡品质。还能增强树势，提高抗逆性，保障植株安全越冬。

（4）10—11月施叶面肥一次

喷施钾、硼、钼等叶面肥，促进花芽分化、促进次年开花结果，并增强植株的抗寒和抗旱能力。

4. 施肥方法

（1）土壤施肥法

1）幼龄树。根系浅，分布范围不大，以浅施、勤施为主。一般在树冠滴水线处挖沟施肥。

2）成龄树。根系发达，分布较大，一般距植株主干一侧30~40 cm处挖长40 cm，宽、深各20 cm的施肥沟施肥。

3）注意事项。施肥前按 N：P_2O_5：K_2O：CaO：MgO 比例（3：1：4：1：0.7），将尿素、过磷酸钙、硫酸钾、硫酸镁肥折算出需要的量，按比例混合好，制成配方复合肥，或者购买市售复合肥，撒施于沟内，将肥料与熟土拌均匀，施后盖土。施肥沟每次轮换。

沙质土、坡地及高温多雨区，肥料要勤施、深施。黏性土，施肥量要大，以减少施肥的次数。旱地氮肥要深施，以减少氮素的损失。

氮肥要混施和深施，以减少损失。磷肥很少流失，但易被土壤固定，宜集中深施，与有机肥混施更有利于减少磷的固定。钾肥易淋失，根据不同的季节，可采用撒施、条施、沟施、穴施和叶面施肥。

（2）叶面施肥法

1）施肥时期和时间。一般选在新叶、新梢、花期和幼果叶片组织未老熟前，以新梢生长期、花期和幼果期施用效果好，叶片老熟后喷施效果会降低。喷施后能保持叶面湿润 30~60 min，有利于加快叶面对元素的吸收。时间在上午 10 点前，下午 4 点后进行喷施。长势好的一般在 10—11 月喷施一次磷酸二氢钾、硼肥、钼肥，可促进花芽分化，促进次年开花结果，提高抗寒、抗旱能力。3—4 月，天气干旱，无法进行土壤施肥，可喷施尿素、磷酸二氢钾、硼叶面肥，促进坐果和新芽、新叶的生长。

2）喷施部位和喷施次数。喷施部位：叶背面。喷施次数：大中量元素（氮、磷、钾、钙、镁等）可以根据需要多次喷施，微量元素在连续喷施 2~3 次后，若缺素症状消失，停止喷施，避免发生肥害。

3）喷施浓度。微量元素浓度过低肥效不明显，浓度过高容易产生肥害。

咖啡生产上常用的叶面肥主要有：尿素（0.2%~0.3%）、磷酸二氢钾（0.3%~0.5%）、硫酸镁（0.3%~0.5%）、硫酸锌（0.1%~0.3%）、硼砂或硼酸（0.1%~0.2%）等。

5. 土壤 pH 值的调节

pH 指酸碱度。pH 值 0~7 为酸性（数字越小酸性越强），pH 值 7~14 为碱性（数字越大碱性越强）。土壤酸碱度不同，肥料被咖啡根吸收的量也不同，pH 值 5.5~6.5 时，肥料被咖啡根吸收量最大。

如果土壤过酸（pH 值小于 4.5），即使施再多的肥料，咖啡树仍有缺肥症状，或造成咖啡的鲜干比高。

化肥分为生理酸性和生理碱性，应根据土壤的 pH 值来选肥。如果土壤 pH 值小于 6.0，选用弱碱性化肥，如果土壤 pH 值大于 6.0，选用弱酸性化肥。如硫酸锌属于酸性肥料，硼砂属于碱性肥料。

可以施用生石灰调节土壤的 pH 值。生石灰是调节土壤酸碱度、增加土壤钙元素最有效、快捷和经济的方法。施用时间在雨季开始或雨季结束后。如果台面有蕨类植物，说明土壤呈酸性，每亩用 60~80 kg 生石灰 + 有机肥进行沟施，以调节土壤 pH 值。注意事项：石灰施后一个月后才能施其他化肥。每个咖啡种植点最好进行土样分析，确定有效的石灰施用量，一般每隔 3 年重复施石灰一次。

课程 5

咖啡园土壤管理

一、修筑梯田

1. 修筑梯田的意义

修筑梯田可截断径流面，减弱水力冲刷，截水滞流，促使雨水浸入土层，增加土层水分储量，营造水肥协调的土壤环境，以利于咖啡生长。

2. 具体做法

要求5°以上的坡地应修筑等高梯田，梯田面宽1.8~2 m，种1行咖啡；5°以下缓坡地筑2.5 m以上大梯田，种2~3行咖啡，梯田内倾3°~5°，外筑田埂，以保持水土及保肥。修筑完成的梯田可起到"三保一护"作用，即保水、保土、保肥、护苗。

二、深翻改土

1. 深翻改土的意义

有利于侧根的生长，改善土壤的理化性，增加土壤的养分和水分，提高保水能力，促进微生物活动。

2. 具体做法

雨季末（一般在10月）进行1次深翻（深度25~30 cm），不伤及主根及主干。深翻改土要结合平整台面进行。结合深翻改土，用园外和保护带上的绿肥结合农家肥加磷肥进行压青施肥。

三、中耕除草

为免除杂草对水肥竞争影响咖啡生长，保持咖啡园土壤疏松、通气良好，应适时进行中耕除草。

1. 中耕除草的意义

防止杂草与主栽作物争水肥,有利于改善土壤的理化性状。

2. 具体做法

要根据实际情况进行中耕除草,比如杂草的生长情况、天气、灌溉情况等,一般雨后(或灌溉后)土壤发白时进行,切断土壤的毛细管,减少土壤水分的蒸发。

咖啡种植园内全年可用人工除草 3~6 次。幼林期在 11 月初全翻中耕 1 次,深度为 2~3 cm,投产树结合除草、培土进行,以防植株倒伏。

四、覆盖

地面覆盖分为活覆盖和死覆盖两种类型。

1. 活覆盖

活覆盖是指在咖啡行间种植低矮的豆科或草本植物,以达到覆盖地面、保持水土、培肥土壤、促进咖啡生长、提高产量和节约管理用工的目的。活覆盖包括天然覆盖和人工覆盖两类。

(1)天然覆盖

天然覆盖指咖啡种植园开垦定植后,在咖啡行间自然生长起来的杂草、灌木等。这种覆盖有荫蔽土壤、均衡土壤温度、减少水土流失、保持土壤肥力以及提供盖草材料等作用。对天然覆盖应加强管理,如控制得当,可促进咖啡正常生长,如管理不善,则会使咖啡种植园荒芜,造成杂草、杂木与咖啡争夺养分、水分和阳光,影响咖啡的正常生长。

(2)人工覆盖

人工覆盖指在咖啡行间人工种植的多年生蔓生豆科覆盖植物或其他覆盖植物。主要的覆盖作物有爪哇葛藤、毛蔓豆、蝴蝶豆、无刺含羞草等。以豆类为主,种植时在距离咖啡树 50 cm 以外的行间种植为宜。

采用人工覆盖方法管理咖啡种植园植被是一项多、快、好、省的管理措施。它同天然覆盖相比,有很多优点。但人工覆盖也要管理,要防止地被作物影响到咖啡的生长,适时压青(作为绿肥翻埋入土)、处理(另作他用)。

建立人工覆盖的方法如下:

1)整地。先在咖啡行间(萌生带)整地。平缓地可用犁、耙平整土地。坡地宜等高垄作或等高小平台穴垦点种。可以纯种也可混种。

2）种子播种。对种子来源丰富的覆盖作物，如毛蔓豆、爪哇葛藤、蝴蝶豆、无刺含羞草等可采集种子直播。

2. 死覆盖

死覆盖就是用盖草、地膜的方式进行的覆盖。适于在咖啡的种植初期采用。盖草可减少土壤水分蒸发，抑制杂草，均衡土壤表层温度，减少土壤直接被雨水冲刷，增强水土保持能力，改善土壤水肥状况。若先浅松土，后盖草，效果更好。草主要以植物的枝、叶、秆为主，如：稻草、玉米秆、木豆秆、甘蔗叶等。地膜覆盖也有保水保温的效果，不过与盖草结合，效果更好。

课程 6 修枝整形与截干复壮

一、小粒种咖啡整形修剪的作用

修枝整形有利于咖啡树冠通风透气，使树冠结构合理，促进光合作用；有利于主杆及骨干枝的生长发育，分枝层次分明，形成丰产树形；有利于减少病虫害；同时有利于咖啡树整株营养的合理分配，促进开花坐果及营养生长，因此整形修剪是咖啡种植不可少的措施之一。

二、小粒种咖啡树的主要树体结构

栽培小粒种咖啡的树形有两种，单干型和多干型。

1. 单干树整形与修剪

（1）单干树形的培养方法

1）一次去顶法。当咖啡树高 1.8~2.0 m 时打顶形成单干树。

2）多次去顶法。

（2）单干树的修剪

修剪时间安排：幼龄咖啡树在 3—10 月，投产咖啡树在采收结束至 10 月，一级分枝不能修剪，二级分枝在离主干 10~15 cm 处开始保留。修剪时枝条的去留主要做到以下几点：

1）根据二级分枝的萌发情况，交叉保留二级分枝；每条一级分枝可保留 1~3 条二级分枝，每条二级分枝保留 1~2 条三级分枝。

2）去除距地表 25 cm 以下的一级分枝，以促进空气流通。

3）剪除距主干 10~15 cm 内的二级分枝，形成烟囱式通气通道。

4）剪除所有不定枝（凡向上、向下、向内生长的不规则枝条），这些是无法结果的。

5）剪除弱枝、病虫枝、干枯枝。

2. 多干树的整形与修剪

（1）多干树的培养方法

多干树的培养有弯干法、斜植法、截干法。

（2）多干树的修剪

多干整形也需修剪，以保持树冠内通风透光，新培养的主干健壮，结果多。修剪的主要对象是截干后长出的多余的直生枝。截干后，除要培养的新干外，多余的直生枝要及时除掉。另外，要剪除部分内侧枝、枯枝和病虫枝，适当控制主干高度。

三、咖啡枯梢树、低产树的改造

枯梢树往往发生在枝条大量结果，植株消耗大量养分后。此时，若水肥不足，管理又跟不上，就会枝条生长量小，叶子褪绿，经冬季低温干旱期，引起落叶、枝枯，形成树冠中部空虚。枯梢较严重的，结果多的枝条全部干枯，结果少的枝条受到影响；严重枯梢的，叶片全部落光，枝条大部或全部干枯，个别主干也会干枯。

四、咖啡树更新

咖啡结果后第3~5年是盛产期，第6年产量开始下降，生长势逐渐衰退，一般在结果后6~7年更新复壮，若管理好可延缓更新期；若管理跟不上，大量结果之后，一级分枝干枯，严重破坏了树型，一般管理难以恢复原来的产量，可采取更新换干复壮来恢复原来的产量水平。

1. 更新方法

上部分枝全枯的：在离地面25~30 cm处切干，切口倾斜度为45°，切口向外，切口糊黄泥或石蜡保持水分，主干离地面30 cm以下有枯枝的全部剪除，有正常枝的全部保留。主干离地面30 cm以上有正常枝条的，切口部位可提高到40~50 cm处切干，在活枝条上端5 cm处切干。活枝条可萌发出多条二级分枝，可使下年有部分产量。

小粒种咖啡品种的生长习性决定了植株在连续高产、稳产5~6年后，树势明显衰退，产量大幅度下降，这时需要进行截干复壮。在鲜果采收后，3月底4月初在离地30 cm处截干，截干后用石蜡或凡士林涂封。切干树要加强管理，深翻园土，每株施5 kg有机肥和0.1 kg钙镁磷肥，及时除园内杂草，对萌生树进行修芽留干，选留健壮的1~2条直生枝培育成主杆，按照丰产综合栽培技术措施进行管理，次年每亩就可产20 kg以上干豆，第三年进入投产期。

成片一次更新：当年几乎没什么产量或产量很低，树的长势不好，枝条全部枯死的可成片一次更新。

轮换更新：密植咖啡，行距太窄，荫蔽度过大，或咖啡园有部分枝条干枯，但还有一定的产量的，可采用隔2行更新1行，每年更新1/3留2/3的方法进行更新。更新1行留2行，增加了光照和营养，从而提高了植株的生长和产量。

2. 更新时间

有条件灌溉或浇水的咖啡园，以早更新为好，鲜果采收结束之后，2月中旬或3月上旬（平均温度15 ℃以上）切完干。无灌溉条件的地区可在雨季初进行，争取尽早切干，早萌发直生枝，这样可使当年生长量加大，为下年提高产量创造条件。

3. 更新咖啡园的管理

（1）灌溉供水

截干后和新芽萌发前要求土壤水分充足，能灌溉的咖啡园应进行灌溉，以利于枝条的抽生。

（2）深翻改土

截干后土壤水分适宜时，深挖25~30 cm，疏松土壤，同时切断部分老根，促进新根生长。

（3）抹芽

新芽萌发时，选1~3条生长在切口下1~2 cm以上的健壮的直生枝留作主干，枝与枝之间要有间隔（最好为相对而生），其余的新芽应及时抹除。

（4）施肥

每株施5 kg有机肥和0.1 kg钙镁磷肥。

（5）防虫

更新之后的咖啡，基部主干暴露在外，易受害虫（尤其是天牛）的危害，当新芽抽出后，可用药剂或涂剂（硫黄1份，生石灰1份，水25~30份）喷主干或涂主干。注意不要涂在新抽出的芽上。

（6）中耕除草

更新之后，地表裸露，杂草生长较快，结合浅中耕，及时清除园内杂草，以保持土壤疏松、透气。

（7）摘顶控高

单干更新后，待植株高 180~200 cm 时摘顶控高。

五、咖啡树寒害及处理措施

云南省哀牢山以东地区常周期性地遭受寒流袭击，因此，除选择避寒环境外，还要搞好防寒工作。当冬季中午气温降低至 7~8 ℃、下午露点温度小于 5 ℃、盛行偏北风或西北风时，当晚最易发生霜冻。云南咖啡种植区发生霜冻比较严重的年份有 1953 年、1973/1974 年、1975/1976 年、1986 年春（倒春寒）、1999 年，发生霜冻间隔为 13~20 年不等。霜冻年给咖啡树的生长和产量造成很大伤害和损失。霜冻无论轻重，都对咖啡杯品质量影响极大（褐色豆比率增加）。

1. 咖啡树寒害症状

咖啡树寒害表现为嫩叶枯焦、顶芽及嫩梢枯死、叶片和枝条枯死、咖啡果果皮枯焦、咖啡豆褐色豆比例增加等症状。

2. 咖啡树抗寒栽培措施

（1）选择避寒环境栽培

掌握低温霜冻发生的规律，咖啡种植地避开闭塞环境和低凹的沟谷，因这些地形冷空气易下沉，出现霜冻机会多，受冻强度大。新种植区，选择背风向阳的平地、山坡地或地势开阔、空气流通的地方种植。

（2）培育选用抗寒品种、加强抚育管理

选择抗锈的咖啡品种。促使咖啡树生长健壮，提高咖啡树的抗逆性。

（3）适量增施肥料，提高咖啡抗寒能力

进入冬季前，施磷、钾、硼等肥料，促进枝叶生长健壮，提高抗寒能力。

（4）秋冬季节，做好防寒准备

注意气象信息，掌握天气变化，早做防寒准备，可有效防御咖啡树低温霜冻灾害。

3. 保护咖啡树体，提高抗寒能力

覆盖。秋季对幼龄咖啡树进行地膜覆盖；严寒前对未木质化的幼龄咖啡树

可用整株搭草棚架、撑遮光网防寒；高大的咖啡树可用废旧塑料袋做成网罩，或用稻草帘、多层遮光网等防寒物覆盖。

根颈培土。对已老化的咖啡树，12月中旬前进行培土，保护近地5~30 cm的主干，是行之有效、节约型的防寒措施。根颈培土利于咖啡树灾后换干。无论是否遭遇霜冻，立春后将培于主干的土恢复至台面。

灌水和熏烟是常规防冻措施，可因地制宜使用。

适当荫蔽，种植荫蔽树。

4. 霜冻树的处理方法

（1）处理的时间

发生寒害的咖啡树及霜冻树在冻害发生1~1.5个月后进行处理。

（2）处理的方法

一年苗龄的咖啡树连片受冻重新挖沟种植；如果是缺株，补苗即可。其他树龄的弱树，重新挖沟种植。

严重受冻树，地表上5~20 cm的树干存活，在其树干枯死与活组织交界处切干，并涂封切口，以后长出多条直生枝培养成新主干。

地表50 cm以上的树干成活，在受冻树部位下截干。

一级分枝回枯超过枝条长度的2/3，按枯枝树的截干法处理；一级分枝存活有足够的长度，只修剪死亡的枯枝即可。

5. 受害树的管理方法

有条件的种植地，旱季15~20天灌水1次。

春季土壤潮湿，每株树施尿素20~30 g，促使直生枝的抽生；如选留的直生枝叶色淡黄，喷尿素等叶面肥。

切干后保持台面内顷，施有机肥，进行地面覆盖。

如果选留的新主干近地表，扒开主干周围的土壤，避免土壤高温灼伤直生枝。

课程 7

间、套种

一些木本热带作物，尤其是多年生高大乔木，种植间距大、非生产期长，在相当长的时间内，种植园地上和地下都有很大的利用空间。因此，做好间、套种对种植园的管理和经济效益都非常重要。

一、种植园间、套种的意义

合理的间、套种改变了种植园的物种和时空结构，能充分利用光、热、水和土地等自然资源，提高土地生产率，发挥土地的潜力，以短养长，长短结合，提高经济效益，增加经营者的经济收入或满足种植者的直接需要；有利于种植园生态平衡，促进作物的生长，增加产量。但不合理的间、套种也会给种植园带来不良影响，如造成水土流失、土壤肥力下降、加重自然灾害等。

二、咖啡间、套种应注意的问题

1. 间、套种必须坚持从实际出发，在合理安排咖啡与其他作物的种植形式和密度的情况下，因地制宜地安排间作套种。

2. 荫蔽树的最下层侧枝距离咖啡树的顶部应至少 3 m，以保障咖啡园足够的空气循环。

3. 每年至少修剪 2 次荫蔽树，雨季重剪，旱季轻剪或不修剪，树高 3.5 m 打顶，保持冠幅大而稀疏。

4. 选择平地或缓坡地的地段间套种。坡地间套种要等高种植、等高起垄，不能顺坡起垄，以减少水土流失。

5. 要选择保水保土保肥能力较强且对咖啡生长影响不大的作物。

6. 套种要轮作，不要连作，以调节土壤肥力，减少病虫害。

7. 间、套作物必须根据咖啡种类和树龄保持一定的距离，以减少间、套作物对咖啡因竞争而造成的影响。

8. 注意间、套种作物的施肥管理。不能只种不管，否则既不能使间、套作物丰收，又不利于咖啡的生长。

咖啡生长发育不同时期需要不同的荫蔽度，一般投产咖啡园要求30%以上的荫蔽度才能保证咖啡的生长发育和咖啡品质。提高咖啡园荫蔽度，不仅可以增加农户的收入，而且可以起到减少病虫害危害、提升咖啡生豆质量的作用。对于开展咖啡庄园建设的基地，咖啡园间套种热带优稀水果（如蛋黄果、芒果、荔枝、莲雾等）或观花乔木（如凤凰木、蓝花楹、木棉、腊肠花等）。对于一般农户，可以在咖啡园地间套种芒果（也可选择荔枝、龙眼等）。为确保咖啡效益及今后发展，建议按 6 m×10 m 标准间套种，每亩套种 10~11 株，也可每亩咖啡地搭配 8 株坚果、2 株樱花和 2 株杂树等，目的就是进一步改善咖啡生长环境，促进咖啡产业提质增效，把咖啡产业发展成为生态、优质、高效、富民的高原特色农业。

注意：荫蔽树应选择深根、生长迅速、常绿、枝叶稀疏、树冠大易控制，木材坚韧，能抗风、抗旱、耐寒、抗病虫害且不是咖啡病虫害寄主的树种，且具有一定的经济价值，如能提供适销对路的木材或水果等。荫蔽树的种类主要有：辣木、银桦树、桤木、南洋楹、相思树、山毛豆、猪屎豆、木豆、甜酸角、酸木瓜、菠萝蜜、枇杷、澳洲坚果、柚木、橡胶树、千年桐、降香黄檀等。

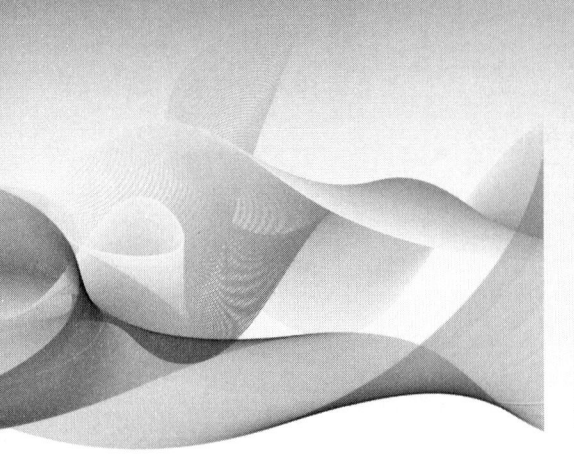

模块 4
小粒咖啡病虫害识别及防控技术

长期以来，因受咖啡种植效益的影响，我国咖啡植保问题一直得不到人们的重视，相关研究基础薄弱，防治水平低下，不能正确识别病虫草害，病虫草为害严重时，主要依赖大量的化学杀菌剂、杀虫剂、除草剂防治，而这些化学药剂长期、大量使用，导致病虫草害抗药性的形成和增强、环境污染、农药残留及大量杀伤天敌等生态、生物安全隐患。

近年来，随着咖啡产业的持续发展，品种、种植模式的改变，加上寒害、旱害等自然灾害的影响，植保问题越发严重，已经成为制约咖啡产业健康发展的重要因素。

目前影响我国咖啡生产的主要病害有咖啡叶锈病、炭疽病、褐斑病、黑果病、煤烟病、幼苗立枯病；害虫主要有灭字脊虎天牛、旋皮天牛、咖啡木蠹蛾、咖啡根粉蚧、咖啡绿蚧、咖啡果小蠹等。咖啡叶锈病是由咖啡驼孢锈菌引起的一种真菌性病害，是严重影响咖啡叶和咖啡产量的主要病害，被害植株轻者减产，重者死亡，对咖啡生产为害最大，可造成30%的减产。炭疽病主要为害咖啡叶片，也可蔓延到枝条和果实，致枝条干枯，果实染病后出现黑色下陷病斑，果肉变硬并紧贴在豆粒上，最后形成僵果或落果。褐斑病是一种分布广泛的病害，为害叶片、果实，引起落叶、落果，造成一定损失。咖啡灭字脊虎天牛是为害小粒咖啡的首要害虫，以幼虫钻蛀树干木质部为害，致整枝干枯或全株死亡。

病虫害防治是咖啡种植园植株管理的重点，是经常性、长期性工作。咖啡病虫害很多，防治必须认真贯彻"预防为主，综合防治"的植保方针，主要方法是改善环境条件和增强作物的抵抗力，防止病原物、害虫的传入和繁殖，消灭已转入的病原物、害虫或防止它们的传播和侵染。

课程 1 咖啡主要病害识别与防治

目前，我国咖啡主要病害有 50 多种，主要病害有 10 余种。掌握咖啡产区病害的种类、分布及发生流行规律等情况，可为咖啡的引种检疫、病害的防治和研究提供科学依据。由于小粒咖啡产区冬春干旱，夏季炎热、雨量充沛，在栽培过程中若管理不到位，高温和适宜的湿度条件有利于小粒咖啡叶锈病、炭疽病、褐斑病、立枯病、美洲叶斑病等病害的发生流行。尤其是随着小粒咖啡品种种植年代延长，品种抗性退化，叶锈病发生更为普遍，严重影响咖啡的产量和品质，给咖啡安全生产带来严重隐患。为科学防控咖啡病害，下面将小粒咖啡生产中最具威胁性的病害及其防控措施总结如下。

一、咖啡叶锈病

1. 简介

咖啡叶锈病是破坏性极强的病害。在我国小粒咖啡产区云南普洱、德宏等地发生严重，每年因该病致小粒咖啡的产量损失可超过 30%。

2. 症状特点

老叶和嫩叶均会感病，该病害最初症状是在咖啡叶片背面出现淡黄色小圆斑点，叶背无孢子，中后期叶片正面出现黄色圆点，叶背面病斑有橙黄色粉末状孢子堆，危害严重时叶片脱落，鲜果生长趋于停止，没有完全成熟就变黑、干瘪。

3. 侵染发病条件

适中的温度、高湿度、较多的侵染源和易感病且生势衰弱的寄主是本病流行的基本条件。

4. 流行因素

病害侵染过程短，再侵染频繁，是产区发生普遍、严重流行的主因。该菌以菌丝在咖啡病变组织内度过不良环境，残留的病叶是主要侵染来源，主要以夏孢子通过气流、风、雨水、人畜和昆虫等传播。

（1）时期和温湿度条件

6月至第二年1月是病害盛发期，在气温为18~26 ℃，有小雨或阴晴天气交替且雾气大时本病容易流行，叶面露水重且停滞时间久则病害重。大风、大雨天气不利发病。如果此时期干旱则病发减缓。

（2）品种

品种间抗病性不明显，缺乏抗病品种。相对抗病品种如PT、T8667、T5175、萨奇姆、矮卡；易感病品种如卡杜拉、波邦、铁毕卡。

（3）栽培条件

咖啡园地势低洼、荫蔽度过大，排水不良，土质黏重，树旺密植，园内湿度大，病害发生重。

（4）树龄

在咖啡幼树期虽有发病，但不流行；在树龄6年以上，结果过多，营养耗竭而出现"早衰"，或因失管，生势衰弱的植株上锈病常大流行。

5. 咖啡叶锈病综合防治技术

（1）原则

栽培为基础，适时修剪和适度荫蔽，控制过多结果量，加强肥水管理，辅以药剂防治，以预防为主，防控结合。

（2）具体措施

1）选用抗病耐病品种，如Sarchimor、T5175、T8667、德热132、德热296等。

2）修剪和清园：采果结束后进行修剪和清园，保证树冠通风透光；修剪树上病残枯枝、过密枝，清理树下落叶，并将其清除咖啡园进行集中烧毁，防止病原菌成为来年侵染菌源。

3）咖啡园内适当种植荫蔽树，可改变园内小气候和土壤环境，平衡生殖生长和营养生长，使咖啡有节制地结果，保持咖啡树的正常生势，从而增强对叶锈病的抵抗力。

4）合理施肥，重视修剪整形，培养健壮树，防止咖啡早衰，同时还能提高植株抗病力。

5）预防喷药：雨季来临前，及时喷施1~2次保护性药剂。药剂可用较经济且防效好的30%氢氧化铜悬浮剂600~800倍液、三唑酮喷雾。进入雨季后，8月中下旬喷一次波尔多液，9月或10月再喷一次酮制剂预防咖啡叶锈病发生。

6. 防治咖啡叶锈病推荐药剂

（1）25%嘧菌酯（阿米西达）悬浮剂800~1 500倍液，具保护和治疗作用。

（2）75%肟菌·戊唑醇水分散粒剂（百施利）1 000倍液。

（3）86.2%氧化亚铜水分散粒剂（铜大师）1 000倍液，具保护和治疗作用。

（4）30%氢氧化铜悬浮剂600~800倍液。

（5）25%溴菌腈可湿性粉剂1 000倍液。

（6）15%三唑酮可湿性粉剂。

二、炭疽病

1. 简介

主要发生在叶片、花、枝条、绿色和成熟的浆果上，引起落叶、枯枝、落果和浆果腐烂。全年均有发生，发病严重时，造成大量枯枝、落叶和落果，降低咖啡产量和品质。

2. 症状特点

（1）叶片

高温时多发生在叶边缘，叶缘呈现出不规则的淡褐色至黑褐色病斑。病斑周围有黄色晕圈，后期多个病斑汇合成不规则的大病斑。叶片感病多，导致枝条回枯，枝条受害后呈凹陷病斑，随后枝条枯死，其上长出黑色小点。

（2）鲜果

绿果膨大成熟期，向阳面出现深褐色灼伤凹陷斑，感病的果实挂在枝条上变黑但不会落果，果肉变硬并紧贴在咖啡豆粒上，使得脱皮困难。

（3）枝条

旱季幼树和弱树易出现枯枝，树枝大量落叶；冬季有露水，干旱或缺水的树大多伴有枯枝。

3. 侵染发病条件

（1）适宜的温度、湿度是该病害发生和流行的首要条件。分生孢子萌发时对湿度要求很高，在饱和的相对湿度或有水膜的情况下，气温为 20 ℃时，持续 7 小时才能萌芽。

（2）土壤含水量低、长期干旱的雨后发病重。

（3）长期潮湿、冷凉的季节发病率高。

4. 流行因素

（1）时期和温湿度条件

全年该病害均可发生。最适温度为 22~32 ℃，在 28~32 ℃高温下，易发生流行。

（2）栽培条件

多危害树势弱的幼树和立地条件差的老龄树，特别是管理粗放的园内，由于营养条件差，植株长势衰弱，病发生多且严重。咖啡树挂果多、过度暴晒、缺肥的植株感病重。

（3）雨水

下雨后经强烈阳光暴晒，极容易感病。

5. 咖啡炭疽病综合防治技术

（1）原则

以栽培为基础，加强肥水管理，结合叶锈病，以预防为主，防控结合。

（2）具体措施

1）修枝：2—3 月修剪严重回枯、病虫危害严重、生长弱的枝条，保持树冠通透。

2）种植适宜荫蔽树，避免叶和果过多暴晒。

3）合理施肥，挂果多的植株应多施肥，保持植株营养均衡，生长健壮。

4）在发病季节，11 月中旬至第二年 1 月选用保护性杀菌剂喷药预防。

（3）防治炭疽病的药剂

10% 苯醚甲环唑水分散粒剂 800~1 000 倍液。杀菌谱广，有内吸活性，具保护和治疗作用。

25% 咪鲜胺乳油 800~2 000 倍液。杀菌谱广，有内吸活性，具保护和治疗作用。

50% 多菌灵可湿性粉剂 600~800 倍液，最早的内吸性杀菌剂之一。

三、褐斑病

1. 简介

通常在苗圃及新定植、无荫蔽咖啡园内发生。主要为害叶片和浆果，为害严重时引起叶片、浆果脱落，导致产量和品质降低。

2. 症状特点

（1）叶片

褐色病斑，近似圆形，病健交界有褪绿晕圈，病斑边缘褐色，中间灰白色，似小鸟的眼睛。长势弱的苗或无荫蔽、过度暴晒的植株易感病。

（2）果实

鲜果感病后不易脱皮，成品豆品质差。

3. 侵染发病条件

最适温度为25 ℃，晚上湿度大，发病多。通常荫蔽度小的苗圃、土壤贫瘠及管理粗放、无荫蔽条件的咖啡植株发病较严重。

4. 褐斑病综合防治技术

（1）加强栽培管理，合理施肥，适度遮阴，提高植株抗病力。

（2）发病初期，摘除病叶，采果后，清除枯枝落叶等病残体，并集中烧毁。

（3）参照炭疽病进行药剂防治。

四、立枯病

1. 简介

咖啡立枯病是小粒咖啡幼苗期的重要病害。育苗过程中幼苗受害，常造成咖啡幼苗在苗床期大面积枯死。该病害分布较为广泛，所有咖啡苗圃均有不同程度发生。

2. 症状特点

该病主要发生在与土壤交接的根茎基部，发病初期出现水渍状病斑，以后逐渐扩大，造成茎秆环状缢缩，使顶端的叶片凋萎，全株自上而下青枯、死亡。初期症状不容易发现，一旦幼苗出现萎蔫似缺水症状，则表明其已受到立枯丝核菌的严重侵染为害。

3. 侵染发病条件

过度荫蔽、土壤过酸、地势低洼、苗木摆放过密等；浇水过多，致使营养土成泥糊状，种芽不透气；长期阴雨、光照不足、高温高湿等有利于病原菌侵入。

4. 立枯病综合防治技术

（1）选择生荒地育苗，避免连作。

（2）选择无病土作为营养土，防止土壤带菌。

（3）高床育苗，避免苗圃积水。

（4）选择无病种子，种子催芽前后用多菌灵、硫酸铜等杀菌剂浸种。

（5）播种和营养袋摆放不宜过密；淋水不宜过多。

（6）增加透光度，适度荫蔽。

（7）及时拔除病苗，对病株或邻近苗撒生石灰或喷 0.5% 波尔多液。

五、煤烟病

1. 简介

咖啡煤烟病是一种叶部病害，咖啡产区发生较普遍。该病的发生常常与蚧壳虫、蚜虫、白蛾蜡蝉、白粉虱等昆虫有关，荫蔽过度的咖啡园发生尤为严重。小粒咖啡煤烟病能够引起叶片、枝条、果实感病。

2. 症状特点

（1）叶片

感病后叶面被煤烟状霉层覆盖而变黑，后期在叶面上散生黑色小点，容易被水冲去。

（2）果实、枝条

被害枝条、果实变黑，受害轻的果实表面出现黑色霉点，严重的全果变黑，光合作用受阻，导致咖啡产量和品质降低。

3. 侵染发病条件

荫蔽度过大的植株，或蚧壳虫、蚜虫发生多的植株易发生煤烟病。多数时候在煤烟状霉层中混有刺吸式口器害虫（如蚧壳虫、蚜虫等）排泄的黏质物，这类害虫除为寄生菌提供营养外，也是病菌的携带者和传播者。

4. 煤烟病综合防治技术

（1）控制传播媒介分泌的排泄物，减少侵染来源。

（2）加强栽培管理，及时剪除病叶并烧毁，保持树冠的通风透光性，防止病害蔓延。

（3）选用95%矿物油1∶200稀释或者45%石硫合剂180~300倍、1%吡虫啉可湿性粉剂1 500倍液、25%噻虫嗪水分散剂3 000倍液或1.8%阿维菌素乳油2 000倍液喷施叶片和嫩枝，间隔7~10天喷雾2次。虫螨腈悬浮剂1 500倍液喷雾防治蚧壳虫。

课程 2

咖啡主要虫害危害特点与防治

咖啡生产中因天牛等害虫为害造成的产量损失逐年增加。咖啡种植面积的扩大，种植模式的改变，以及气候环境复杂多变，导致作物与害虫、害虫与天敌之间的动态关系发生了新的变化，新的害虫不断增加，发生程度不断加重，而化学农药的滥用，致使天敌种群不断减少，防治工作难见成效。据统计，全球咖啡产量因病虫害造成的损失达41.5%，如果不加以防治，损失将达69.9%。世界为害咖啡的害虫有900多种，包含鞘翅目、半翅目、鳞翅目、直翅目、膜翅目、双翅目、缨翅目等昆虫，其中鞘翅目占30%以上，半翅目、鳞翅目均占20%以上。通过对云南小粒咖啡主产区进行普查，共发现小粒咖啡害虫150余种，隶属于11目47科。其中，严重影响小粒咖啡生长、产量、品质及对咖啡产业发展带来威胁的害虫有咖啡灭字脊虎天牛、旋皮天牛、木蠹蛾、蚧壳虫等。

一、咖啡灭字脊虎天牛

灭字脊虎天牛是咖啡生产中影响最为严重的害虫，该虫以幼虫蛀食咖啡树干木质部进行危害，在咖啡生产上容易造成严重的产量和经济损失。

1. 为害特点

以幼虫为害5年以上的咖啡树干，先在树表皮下蛀食，随着虫龄增大，潜入木质部蛀食，将木质部蛀成纵横交错的隧道，并向枝干中央钻蛀为害髓部，然后向下钻蛀为害根部，蛀道中填满木屑，严重影响水分的输送，致使树势生长衰弱。轻者植株萎黄、枯枝、黑果，表现缺肥缺水状态；重者整株死亡，受害部位因失去机械支持作用常在风雨中被折断，严重受害时可致全咖啡园被摧毁。

2. 生活习性

咖啡灭字脊虎天牛成虫多于晴天活动，飞翔力强，多在距地面50~100 cm的咖啡茎表皮裂缝中产卵。卵一般散产，孵化后的幼虫蛀入皮层旋蛀为害，3龄以后侵入木质部纵横钻蛀，严重的能使咖啡主干折断，整株死亡。

该虫一年发生两代，世代重叠，幼虫和成虫在寄主茎内越冬，第二年2月后，越冬成虫和越冬幼虫羽化的成虫陆续飞出羽化孔，5—7月、9—10月是成虫羽化高峰期。成虫产卵于向阳粗糙的树皮裂缝里。由于世代重叠，在咖啡园全年均有成虫活动，卵期8~16天，幼虫3~10个月，蛹期10~15天，成虫20~30天。

3. 咖啡灭字脊虎天牛的防治

防治策略：综合治理。

最佳防治时期：咖啡灭字脊虎天牛成虫期（产卵前的成虫）。

防治难点：预测预报。

防治主要手段：药剂防治。

（1）人工防治

每年5—7月和9—10月是人工捕杀成虫及幼虫的关键时期，发现有虫株时，应及时清除虫株上的成虫、幼虫及蛹，将有虫株砍除并集中烧毁。

（2）农业防治

由于成虫产卵于粗糙的树皮裂缝内，因此抹去粗糙的树皮，破坏其产卵场所，从而防止该虫的繁殖；创造适于咖啡生长的生态环境，加强管理，合理修剪，能够起到一定的防治作用。有适当的荫蔽环境比全光的环境发生咖啡灭字脊虎天牛的为害少，生长健壮的咖啡树具有一定的抗虫能力。

（3）物理防治

1）涂干。每年采果结束后，结合修剪将病虫枝集中烧毁。在成虫产卵前后（4月上中旬左右）用水＋胶泥＋石灰粉＋食盐＋硫黄粉涂干，比例为2∶1.5∶1.2∶0.005∶0.005，混合均匀，搅拌成糨糊状，均匀涂刷在距离地面50~80 cm的树干上。

2）刮皮。由于成虫产卵于树皮粗糙的缝隙中，卵粒附着在树皮下或裂缝中，幼虫孵化后，开始从孵化处蛀入树干表皮为害，此时对树干进行刮皮，可以阻止刚孵化幼虫对树干的伤害。

3）集中处理有虫茎干。于 5 月中下旬白天正午阳光强烈时，对 3 年生以上的成龄咖啡树逐株检查，发现顶芽、幼梢嫩叶萎蔫，叶黄枝萎或树势不正常的植株，用力一推或拉主干就折断虫株，将有虫主干段集中堆放，再进行熏蒸或粉碎烧毁。

（4）生物防治

释放管氏肿腿蜂，保护黑足举腹寄生蜂、黑褐举腹蚁、立毛举腹蚁、蠼螋等天敌，减少和合理使用化学药剂，使用生物和高效低毒农药，创造有利于天敌生存和发展、不利于咖啡灭字脊虎天牛的生态环境，从而控制其为害。

（5）药剂防治

喷施药剂防治是在羽化高峰期最重要的防治方法。施用药物防治灭字脊虎天牛，效果的好坏关键在于施药时间、施药方法和施用药剂 3 个因素，较好的防治效果必须掌握最适宜的施药时间、科学的施药方法和选用对口高效的药剂。灭字脊虎天牛化学防治时机及使用药剂见表 4-1。

表 4-1 灭字脊虎天牛化学防治时机及使用药剂

施药时间	施药方法	施用药剂
成虫羽化高峰期	重点喷施主干及树冠	胃毒剂或触杀剂：噻虫嗪
成虫产卵高峰期	淋干	触杀产卵成虫：噻虫·高氯
卵孵化高峰期	淋干	特异性杀虫剂：灭螨脲

二、旋皮天牛

为害 2~5 年生的树干，食性杂。除咖啡外，还为害蓖麻、石榴、九里香、柚木等。

1. 为害特点

该虫以幼虫为害，主要为害定植后 2~5 年生、直径多在 1~3.5 cm 的幼龄咖啡树干。为害部位多在离地面 5~30 cm 或 50~80 cm 的树干基部，受害部位有环状凸起，剥开树皮可见疏松的细长木屑。危害中期，幼虫进入树干，不规则取食木质部造成危害。受害初期不易被发现，后期被害植株表现为叶色不正常、叶黄枝萎、叶片脱落、树势衰弱。

2. 生活习性

旋皮天牛成虫喜欢荫蔽的环境，但喜欢产卵于粗糙、向阳的树皮裂缝内。

1年发生1代，跨年度完成。

3. 防治方法

（1）新定植1~2年咖啡园于每年干旱季节刮除主干上粗糙的树皮，破坏其产卵场所。

（2）2~4年的咖啡树，于3—4月对其主干采用生石灰进行刷干，破坏其产卵环境。

（3）咖啡园内适当种植荫蔽树。

（4）结合灭字脊虎天牛进行药剂防治。

三、木蠹蛾

木蠹蛾是重要的钻蛀性害虫之一。主要以幼虫钻入植株顶梢危害。

1. 为害特点

以木蠹蛾幼虫蛀食咖啡枝条和枝干，导致被害处以上部分萎蔫、枯死，易折断。在新植咖啡区发生多，对幼龄咖啡树为害较大，受害枝条萎蔫、黄化、枯死。

2. 生活习性

幼虫在枝干内常是向上蛀食，形成30~60 cm的隧道。翌年春季枝梢萌发后，再转移到新梢为害。被害枝梢枯萎后，会再转移甚至多次转移为害。经多次转移，幼虫长大，便向下部枝条转移为害，一般侵入离地面20 cm左右的主干部，蛀入孔为圆形，常常有黄色木屑排出孔外，幼虫蛀道不规则，侵入后先在木质部与韧皮部之间枝条蛀食一周，然后多数向上钻蛀，但也有的向下或横向蛀食。

5月上旬幼虫开始成熟，并向外咬一羽化孔，即行化蛹。5月中旬成虫开始羽化。成虫昼伏夜出，于嫩梢上部叶片或芽腋处产卵，7月幼虫孵化，多从新梢上部腋芽蛀入，并在不远处开一排粪孔。

3. 防治方法

已经蛀入树干木质部的幼虫，用铁丝捅入虫道把幼虫刺死。在该虫为害时期，每年4月以后，发现咖啡园内萎蔫枝条，及时剪除后将虫处死。

四、蚧壳虫类

蚧壳虫类主要通过成虫、若虫刺吸寄主的根、树皮、叶、枝及果实。咖啡上常见的蚧壳虫有咖啡盔蚧、咖啡绿蚧、柑橘粉蚧、根粉蚧、垫囊绿绵蜡蚧、广白盾蚧等。

1. 为害特点

蚧壳虫类紧贴树体，能在树体上缓慢移动。可危害咖啡叶、枝、果等。高温干旱条件下，蚧壳虫繁殖快。受害叶片或枝条发黄，叶片、果实、枝条等上覆盖有黑色煤状物，常常伴有蚂蚁。一般土壤湿润、肥沃、疏松、偏酸，根粉蚧危害严重。

2. 防治方法

（1）种植适宜的荫蔽树，加强咖啡园修剪，保持树冠及园内通风。

（2）根粉蚧严重的田块，采用淋干的方法，结合灭字脊虎天牛化学防治进行防治。

（3）选用95%矿物油+40%螺虫乙酯（1∶1）1 000倍液。

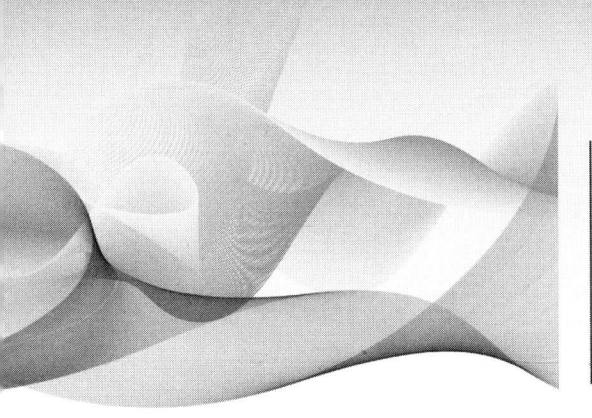

模块 5
咖啡初加工

咖啡初加工是指从咖啡鲜果到咖啡豆的加工过程,包括咖啡鲜果预处理、初加工、干燥、精制、质量评价分级等过程,它是影响咖啡质量的核心因素之一。

课程 1 咖啡鲜果预处理

咖啡鲜果预处理工艺主要包括：咖啡鲜果采摘、分级、清洗浮选、脱皮（胶）等。根据不同初加工工艺，咖啡鲜果预处理也略有区别，本课程主要介绍咖啡鲜果的一般预处理工艺。

一、咖啡鲜果采收

采收适宜成熟度的咖啡果实是确保咖啡加工质量的重要前提。未熟果不含胶黏物，在脱果皮时不易脱去果皮，咖啡豆容易被切碎或压破，并且加工后绿色带银皮咖啡豆的比例较高；过熟果加工后褐豆和黑豆比例较高，色泽和饮用口感差。只有正常成熟果加工出的咖啡才能保证色泽、品味、内含物、香气等方面符合要求。

在我国，咖啡鲜果采收期约 4 个月左右，自 10 月中下旬开始。合格的咖啡鲜果应当是成熟度达 90% 以上的自然成熟果实，并且无绿果、黑果、病斑果、干果和杂质等。劣质的咖啡鲜果为绿果、黑果、病斑果和干果等。咖啡鲜果采收时，需将合格鲜果和病斑果、黑果等分开采收。采收到的鲜果不要堆放在阳光下暴晒，要有专人负责验收，并且要当天采收当天脱皮。自然掉落而遗留在咖啡树下的果实，不论成熟与否，均为低质量果，应当与合格鲜果分开。

成熟的咖啡鲜果一般要求颜色为鲜红色，成熟度一致，不含未成熟的青果和成熟过头的干果。也有少部分特殊处理的厂商要求统一为半成熟状态，收购后通过人工干预发酵以增加风味特性，也有精品咖啡生产厂商要求采收程度统一为全熟透的紫色和紫红色，让咖啡果在脱皮前自然发酵，果胶甜度达 20% 左右，以提高咖啡豆杯测时的甜感。

二、咖啡鲜果除杂分级

咖啡鲜果采收后要按照一级果、二级果和三级果进行分级。各级界定如下：一级果要求正常成熟、无疤痕全红鲜果；二级果为外果皮局部有疤痕的正常成熟红果，或过熟紫色果，或成熟度稍差、果柄端稍绿的果实；三级果为除一、二级果以外的所有咖啡果实。三级果要按级外果单独进行加工，或直接干燥脱壳后作为级外咖啡豆。

咖啡鲜果收购要注意，当天采收的咖啡鲜果当天集中到鲜果处理厂进行加工处理。在处理时，咖啡鲜果一般只设定正常果和级外果两个级别，各级别都不能含石头、铁钉、土块、树叶等异物，其中正常级别要求过熟干果和青果等不合格果实比例小于5%，质量达不到要求时，要当场进行人工挑拣，否则按照级外果处理。级外果主要是采收时不小心碰掉的干果和未成熟果，以及病虫害果，或者采收后超过48小时未及时处理而过度发酵的咖啡果等，其收购价格大致是正常级别收购价格的一半。

对当天收购的正常级别咖啡果，第一步是用不同筛孔的振动式粒径分级机进行筛选，根据颗粒大小分级。第二步，利用色选机，对不同成熟度的咖啡果进行色选分级。第三步，利用虹吸池，去除漂浮的不饱满果实和硬物等杂质。第四步，针对过熟果和青果不容易挤压脱皮的特性，利用挤压式青果分离机筛选掉不合格咖啡果。经过以上四个步骤，可弥补咖啡果的采收质量缺陷，使选出的咖啡鲜果大小均匀，饱满度、成熟度一致，以提高后续的咖啡鲜果脱皮（含脱胶）工艺净皮率，保证发酵和干燥过程的产品均匀程度，最终提高产品质量的一致性。

课程 2 咖啡初加工工艺

咖啡鲜果经过采收、除杂、分级后，根据不同加工方式处理形成不同初加工工艺，常用加工处理方式主要包括湿法加工、半湿法加工、干法加工。

一、咖啡湿法加工

咖啡湿法加工一般也被称为"水洗处理"，是当前咖啡加工主要采用的方式，其特点在于咖啡在水里浸泡脱胶后再进行干燥。湿法加工工艺因脱胶方式不同分为传统湿法加工和机械湿法加工。传统湿法加工一般指将脱皮后的咖啡生豆连带果胶进行发酵，随后通过清水洗掉咖啡豆表面的果胶等，再通过干燥、去壳获得咖啡豆。这种方式的本质是通过微生物分解咖啡生豆外面的果胶，易于后续的脱胶处理，同时依靠微生物分泌和咖啡自身所含的酶分解咖啡内的多糖物质，并转化为醇类、酸类等风味物质，这些风味物质透过豆壳进入咖啡生豆，给咖啡豆带来不同的风味，但缺点是加工用时长，不同批次质量不稳定。机械湿法加工则是脱皮后的咖啡直接使用机械摩擦等方式脱除果胶，再进行清洗、干燥等处理，这种方式可以节约加工时间，所产的咖啡产品一致性高、杯测表现较干净，但风味较平淡，层次感差。

1. 传统湿法加工

传统湿法主要加工步骤是：鲜果→分拣（浮选）→脱皮→发酵脱胶→浸泡水洗→干燥→带壳豆→去壳→咖啡豆。先将采收的鲜果倒入清洗槽，利用成熟果与未成熟果、红色果、杂质等密度不同，在水中浮选区分合格的成熟鲜果；然后用脱皮机去除成熟咖啡果的果皮果肉（脱净率＞95%）；脱皮后的咖啡仍会有果胶残留，传统湿法加工采用发酵脱胶，脱皮后的带果胶咖啡豆放入有少量清水的发酵池内进行自然发酵或添加果胶酶促进发酵,自然发酵脱胶一般需要 24~72 h,通过控制果胶酶的浓度可将发酵脱胶时间控制在 2~12 h;当手搓咖啡豆表面有粗糙感时即可终止发酵;随后利用流水清洗果胶,再利用浸泡时水的浮力去除空瘪豆、果皮等杂质,随后进行干燥,得到带壳咖啡豆,再用脱壳机除掉僵硬的果壳,经过风选得到咖啡豆。

2. 机械湿法加工

与传统湿法加工工艺不同的是,机械湿法加工采用机械脱胶,其主要加工步骤是:鲜果→分拣(浮选)→机械脱胶→浸泡水洗→干燥→带壳豆→去壳→咖啡豆。咖啡鲜果经分拣、脱皮后,将带胶咖啡豆送入脱胶机,利用机械摩擦完成脱胶。经过脱胶后的咖啡豆,在清洗池(槽)中用流动清水搅拌清洗咖啡豆表面残余的果胶,并将空瘪豆、果皮等杂质去除,再通过日晒或机器干燥使带壳生豆含水量降至 10%~12%,得到带壳的咖啡豆,随后经脱壳、风选得到咖啡豆。

二、咖啡无水绿色加工

由于传统的湿法加工过程和最初的机械加工技术不完善,咖啡加工机械化程度低、劳动强度大、耗水量大、生产效率低,导致产品风味品质批次稳定性差、附加值不高及综合利用率低等问题,因此无水微水的绿色加工技术也逐步得到发展和应用。例如,云南省农业技术厅推荐的咖啡无水绿色加工技术,采用可控发酵脱胶机微水脱胶,不使用发酵池脱胶,将原本 3~5 天才能脱胶的工艺变为与脱皮同步完成的新工艺,并且可以统一收集胶质,使污染减少,再采用滚筒筛分选一级豆和二级豆,随后进行后续处理。该工艺主要流程包括:鲜果清洗、分选(色选)、脱皮、脱胶(发酵)、干燥、分筛、果皮果胶收集等(见图 5-1)。其特点在于使用脱皮干燥设备机械一体化生产线:脱皮前采用内循环水对咖啡鲜果进行清洗、除杂质等工序;再经过色选机分选,输送至脱皮机脱去鲜果果皮;脱胶可采用机械方式直接脱胶,或使用可控发酵罐进行发酵处理;随后在多层烘房中进行表面快速干燥,最后采用空气热泵背压式干燥设备机进行干燥。

采用湿法加工需要注意的是:分拣后的咖啡鲜果要进行脱皮处理,以便后续加工。成熟的咖啡鲜果应当在采收当天进行脱皮处理,若当天不能脱皮,应当存放在水中,以免自然发酵,降低咖啡豆质量。咖啡鲜果脱皮一般用脱皮机完成。常见的咖啡脱皮机械大致分为摩擦盘站立式、摩擦辊筒站立式、摩擦辊筒卧式、小型手摇试验性脱皮机等类型。脱皮机一般原理是将咖啡鲜果导入脱皮机，鲜果在滚筒凸起单向半圆形棘爪与固定刀具形成的间隙中受到挤压、剪切、摩擦、撕裂等，使果皮与豆分离。使用脱皮机时要对其调整，如调整滚筒与刀具间隙，使进料和脱皮更加理想。脱皮过程要注意咖啡豆的机械损伤问题，咖啡豆机损率一般应小于1%，破损咖啡豆粒表面擦伤面大于八分之一就属于破碎豆，小于八分之一为损坏豆，咖啡豆破损会导致微生物入侵，使咖啡豆变臭、发黑，导致质量下降。此外，还要避免脱皮时豆粒随果皮一起被甩出脱皮机，造成经济损失。

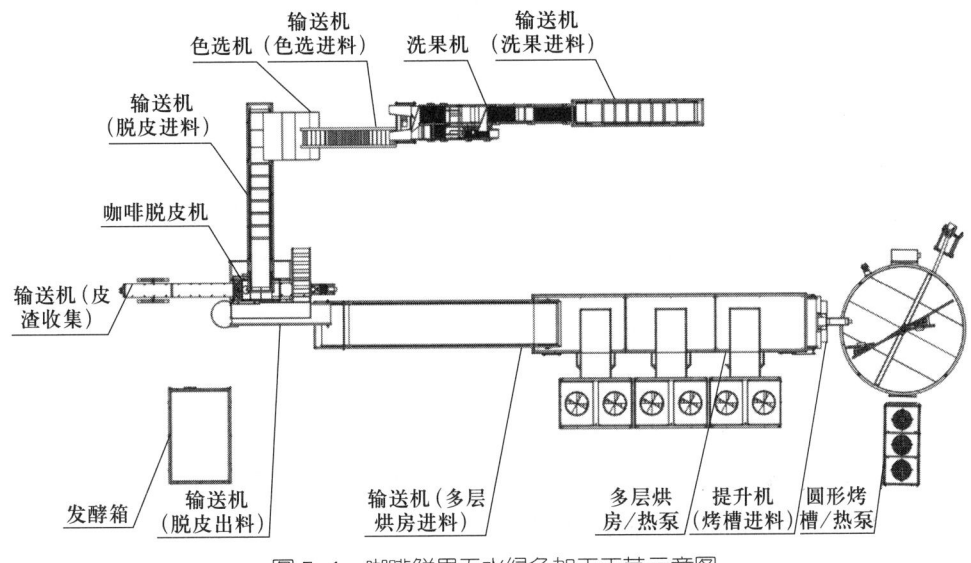

图 5-1 咖啡鲜果无水绿色加工工艺示意图

三、咖啡半湿法加工

1. 传统半湿法处理

半湿法加工是介于干法加工和湿法加工之间的加工方式。湿法加工是去掉咖啡浆果的外果皮果肉后，用水直接冲洗掉带壳豆上的黏稠状物质。但在一些高海拔咖啡产区，当地的水资源极为有限，不适合需要大量水的湿法加工，而是将湿法加工中的带胶豆，不洗干净就晒干。

在咖啡的处理过程中，由于参与发酵的物质不同（果皮、果胶、菌群种类和数量），发酵的环境不同（有水参与或者无水、有氧发酵或者厌氧发酵、pH值高低、温度高低等），干燥过程不同（容器是否密封、自然日晒或设备烘干方式、翻动次数、豆层干燥厚度大小、夜晚是收豆还是敞开晾晒等），造就了不同的后期处理结果，咖啡豆也就具有了明显不同的风味和口感。传统的咖啡处理法——日晒法，保留胶质，咖啡风味丰富醇厚；湿法处理（水洗法），完全去除胶质，得到的咖啡酸味干净明亮；半湿法处理（蜜处理），则是水洗法与日晒法的结合，保留部分胶质，兼具日晒法和水洗法加工咖啡豆的特点。

2. 蜜处理

蜜处理（Honey Proces 或 Miel Process），是指成熟的咖啡鲜果脱去果皮后，将带着果胶黏膜的咖啡湿豆直接进行干燥的加工过程。根据干燥后所呈现的颜色，蜜处理得到的咖啡豆分别被命名为白蜜、黄蜜、红蜜、黑蜜、金蜜、橘蜜。这些蜜处理方式在果胶比例、风味上呈现不同特点。

（1）白蜜

80%~90%的果胶被移除，所产咖啡豆浅色最浅。

（2）黄蜜

保留10%~30%的果胶，无发酵过程。干燥过程必须接受充足的阳光暴晒，不需要遮挡物，大概需要8~10天完成干燥。干燥后咖啡壳变成黄色至金色，所产咖啡豆风味接近于水洗咖啡，可以增强酸度和谷物类风味。

（3）红蜜

保留50%~75%的果胶，无发酵过程。干燥过程大概需要12~15天，需要遮蔽部分阳光，以减少光照时间来减缓干燥速度，并且需要对咖啡豆进行定期翻动。在干燥快结束时可以使用机械辅助干燥，以确保咖啡豆水分均匀。红蜜加工的咖啡酸度更加自然柔和，甜度更高。

（4）黑蜜

基本上保留全部（约100%）果胶。干燥一般在低海拔、温度稍高的环境进行，并且要放在阴暗处干燥，通常使用日晒和机械干燥结合。在干燥时，前24小时覆盖轻微发酵，之后转移至晾晒床进行干燥。由于果胶具有高黏性，需要频繁翻动以避免咖啡豆粘成块，干燥过程大约需要30天，加工后的咖啡壳最终外观为深褐色。这种处理过程较为复杂，失败率也是最高的，必须非常谨慎地控制湿度来避免霉菌滋长而导致腐败，因此价格最为昂贵。所产咖啡豆的层次与风味也是最复杂的，可以通过加工过程实现不同风味的控制，从花香到甜美、从温和的酸度到野性多汁，在咖啡领域得到广泛关注。

（5）金蜜

基本上保留全部果胶，在高海拔、低温下干燥，干燥时间较长。

（6）橘蜜

完全成熟的咖啡鲜果洗净后直接浸泡一晚，次日进行脱皮，通过浸泡，咖啡果皮与鲜果内的黏胶层很容易被去除，但仍有部分黏胶成分吸附在硬壳上，这种方法所产咖啡豆颜色较淡，但比白蜜处理法的深一点。

此外，还有一种"葡萄干"处理法，即哥斯达黎加葡萄干蜜处理（raisin honey），一般的做法是鲜果采收后不去皮，直接放到晒床上晾一夜，差不多晾晒成葡萄干的状态，浸泡水后再去果皮，之后进行正常的蜜处理（如黑蜜、红蜜、黄蜜）。所产咖啡豆有着白葡萄酒的口感和平衡的酸味，在风味上发酵气息会更浓郁，类似甜葡萄酒香味，具有蜂蜜、杏脯、葡萄干、桃子等风味。果胶保存上比其他蜜处理更高，基本可称为100%果胶蜜处理。

在实际生产中，白蜜、黄蜜、红蜜、黑蜜是最常见的蜜处理，这几种蜜处理得到的咖啡豆具有以下特点：在甜度上，黑蜜＞红蜜＞黄蜜＞白蜜；在干净度上，白蜜＞黄蜜＞红蜜＞黑蜜；在平衡感上，红蜜/黄蜜＞黑蜜/白蜜。

总而言之，蜜处理的咖啡能最好地保存咖啡熟果的原始甜美，并且由于果胶附着在带壳咖啡豆上干燥，能为咖啡豆增加红酒的香气和蜂蜜般的风味。其优点是具备缓和的酸味、丰富而温和圆润的口感、蜂蜜般甜味，延长后味的停留时间，醇厚度与鲜味等口感丰富，咖啡豆较软烘焙容易，处理得当有香甜浓郁的水果味，适宜COE（cup of excellence，超凡杯）的评审要求。其缺点是酸味不如湿法加工明显，易回潮粘手，加工耗时耗力，处理过程容易受到污染和霉害，需要全程严密看管，不断翻动来加速干燥，以避免产生不良的发酵味。

3. 湿刨法处理

湿刨法是印度尼西亚苏门答腊咖啡（曼特宁咖啡）的传统处理法。具体做法是，咖啡生豆晒到含水率在30%～50%的时候进行种壳刨除，然后继续晒干。这种处理方式将干燥时间缩短到2～4天，咖啡豆的发酵期缩短，继而酸度也会降低，浓厚度增加，焦糖与果香味更加明显，甚至带有药草或青草香气以及木质的气味，呈现出苏门答腊咖啡的特殊芬芳。虽然提前刨除种壳解决了干燥时间的问题，但也使咖啡生豆失去了种壳、银皮两层最后的保护罩（咖啡豆的四层保护罩：果皮、果胶、种壳、银皮），咖啡生豆遭到霉菌、酵母菌的污染概率也大幅提升。同时，由于在咖啡生豆较潮湿的半软阶段刨除种壳，脆弱的软湿生豆非常容易受到机械力压迫而裂开、断掉或刮伤表面，形成"羊蹄豆"、刮伤豆的概率变高，致使生豆卖相变差。但是，这些因素却成为打造"曼特宁"特别香气的关键因素。

四、咖啡干法加工

1. 树上风干处理法

树上风干处理法是指咖啡果成熟后不采收，直接在树上风干，再采收脱壳后成为咖啡豆的处理方式。这种方式是最原始的干法加工方式，所产的咖啡豆粒饱满，甜度高，口味均衡。但是，这种方式耗费咖啡树的营养，并且由于采收时难以区分营养不良咖啡果、病虫害果、成熟度不一致果，导致产品稳定性极差，一般不作为生产使用。只有极少部分被用于样品进行杯测赛，挑选单个咖啡树进行采收后加工，并且需要大量时间与精力。采用这种方法时，建议在脱壳后，利用极为精密的机械色选、重力分级、粒度筛分、人工分拣等相结合的方式进行批量加工，提高产品质量的一致性。

2. 传统日晒处理法

（1）日晒处理特点

日晒法处理咖啡是非常古老传统的咖啡鲜果处理方式，是指将收获的鲜果直接暴露在阳光下和/或使用空气干燥器干燥，浆果晾晒期间要不断翻面，直到含水量为10%～12%为止。日晒处理法在发酵过程中，保留了咖啡果肉以及咖啡果皮，能产生特有香气，如茉莉花、肉桂、豆蔻、丁香、松杉、薄荷、柠檬、柑橘、草莓、杏桃、乌梅、巧克力、麦茶、奶油糖等香味，使咖啡拥有迷人风味，同时还有出色的甜感，从而可以提高咖啡品质。

采用日晒法处理咖啡鲜果的地区多数日照充足且比较干燥，如巴西、埃塞俄比亚、印度尼西亚、也门等，这些地方缺少水资源、降雨量稀少、日晒时间长。

传统的日晒处理，一般利用平整的地块，如晒场、院场、院坝等，将咖啡直接放在地面上晾晒，而现代的日晒通常使用网床来进行。近年来许多中南美洲的国家还通过各类干燥设备（如烘干机）来获得日晒处理的效果，所产咖啡豆同样被称为"日晒豆"。此外，在采收时，咖啡鲜果已经在咖啡树上干燥，这种鲜果被称为"葡萄干"，也被作为全日晒咖啡出售。

日晒法简单环保，但晾晒时间长，易受天气影响，下雨时需要尽快使用雨布遮盖或及时收起来，以免雨水使果肉发酵。通常2～4周就可以使鲜果变成黑色，鲜果内的咖啡豆因含水量降低而变硬，当摇动果实有响声时，就可以去除果肉和果壳，取出咖啡豆。取出的咖啡豆要进一步进行分级，例如用风扇吹走残留的果壳碎片和空心豆；用震动的倾斜平面分离平豆与圆豆；用色选设备挑除瑕疵豆；用筛孔尺寸不同的筛子分装大小不同的咖啡豆等。

（2）日晒处理方式

1）厌氧日晒处理法。将咖啡果放入密封的发酵桶，用低温发酵延长发酵时间到15~20天，再用脱皮机将果肉去掉，进行自然晾晒。

2）双重日晒发酵法。采收全红鲜果，去除漂浮的未熟豆，将咖啡鲜果放入密封的发酵袋中，在25~35℃的环境发酵3天，再放到咖啡晒床进行自然干燥，最后脱皮脱壳。

3）威士忌酒桶发酵处理法。咖啡鲜果采收后，先进行水洗处理，然后放入威士忌橡木酒桶中进行低温发酵30~40天，发酵温度一般为15~25℃，发酵完成后进行阴干晾晒。

4）"慢"日晒处理法。即在不发生变质的情况下，通过人为调整日晒处理的遮阴和温湿度环境，延长日晒干燥处理的时间，以达到提高咖啡豆风味的目的。一般情况下，不同海拔和不同坡向（背阴或向阳）的咖啡在质量上存在很大的差异，尤其在低纬度、低海拔地区和向阳的干旱山坡，所产咖啡豆难以获得更高的品质。通过"慢"日晒处理可以改善其品质。

五、低咖啡因处理法

咖啡中所含成分种类较多，其中对人体影响最明显的是咖啡因。对于许多喜欢喝咖啡，但身体状况又不允许摄取咖啡因的人来说，低咖啡因咖啡是最佳的选择。目前，国际上规定，冲煮得到的咖啡，其咖啡因含量不超过0.3%才算是低咖啡因咖啡。值得注意的是，国际上不存在"完全不含咖啡因的咖啡"这种定义。一般情况下，阿拉比卡咖啡豆含1.0%~1.7%的咖啡因，而罗巴斯塔咖啡豆含2%~4.5%的咖啡因。为了满足消费者需求，需要在冲煮前的加工过程中对咖啡进行低咖啡因处理。

尽管低咖啡因处理和非低咖啡因处理后的风味不可能完全相同，但咖啡因的含量本身并不影响咖啡口感。任何一种咖啡豆处理法都可以进行脱咖啡因处理。目前，市场上还没有天然的低咖啡因咖啡豆，这就意味着低咖啡因咖啡的产生需要人为控制，一般会在咖啡收获、加工并且去除豆壳后进行。目前，大部分的脱咖啡因方法都很复杂而且去除得较彻底，可以去除天然咖啡豆中99%

的咖啡因。脱咖啡因的技术也有许多种，下面介绍几种常见的处理法。

1. 乙酸乙酯法

乙酸乙酯法也叫天然甘蔗脱因法。这种方法起源于哥伦比亚，在当地利用甘蔗制糖的同时，可以提取出一种纯天然的有机溶液——"乙酸乙酯"，这种纯天然的有机溶液对咖啡因的溶解性非常强，利用乙酸乙酯作为溶剂与咖啡生豆中的咖啡因结合，从而可以去除咖啡因，这种方法对咖啡豆风味的影响微乎其微，甚至还有增香的作用。由于乙酸乙酯只有在高含量（超过0.04%）时才对人体有害，在使用这种方法去除咖啡因后，需要将咖啡豆再蒸一次，去除残留的乙酸乙酯，随后将咖啡豆干燥并抛光，以便进行下一步生产、销售。

乙酸乙酯脱咖啡因处理的主要过程是：先将咖啡生豆分类挑选、预处理，咖啡生豆在去咖啡因前低压热蒸 3 min，这个过程打开了咖啡生豆表面的气孔，有利于咖啡因的快速萃取。再将打开气孔的咖啡豆放在水和乙酸乙酯的混合溶液中（在化学中被称为溶剂），溶液会自动和咖啡生豆绿原酸中的盐结合，随后溶解了咖啡因的溶剂达到饱和状态，再从出水口排放掉，同时，新的溶剂倒进来继续溶解咖啡因，这个过程大约持续 8 h。最后，当咖啡因被全部取萃出来，再取出咖啡豆，用低压热蒸去除掉残留的乙酸乙酯。

2. 水处理法

瑞士水／山顶水处理（The Swiss Water/Mountain Water Process，SWP/MWP）是最常用的去咖啡因的水处理方式，能去除生豆中99.9%的咖啡因。瑞士水处理用到的一种能溶解咖啡因和可溶性物质的溶液，称作咖啡绿果萃取溶液。这种方法的基本原理是将咖啡豆浸入萃取溶液，亲水物质（如咖啡风味类物质和咖啡因等）自动溶解在萃取溶液中，非亲水物质（如绿原酸、木质纤维等）还保留在咖啡生豆内，当含有咖啡因的萃取溶液经过利用特制碳的装置后，这种装置会吸附过滤溶液中的咖啡因，同时溶液与生豆的浓度差继续使咖啡因溶解到水中。这种方式能够去除咖啡豆中的咖啡因，同时保留其他风味物质分子。

3. 二氯甲烷法

二氯甲烷法基本原理是萃取，先用热水溶解咖啡豆中的咖啡因和其他可溶物，然后取出生豆。接着将二氯甲烷加入水溶液中，它会与咖啡因结合，因为二氯甲烷不溶于水，可以很容易将它和咖啡因从溶液中分离，而后把咖啡豆重新浸入溶液以吸收其他可溶物质。

4. 超临界二氧化碳脱因处理

超临界二氧化碳处理法是利用高压状态下的超临界二氧化碳对咖啡因选择性结合的原理来脱除咖啡因。这种处理方式可以去除 96%~98% 的咖啡因，咖啡豆中的碳水化合物、蛋白质等其他风味因子均可留存，是效率最高的一种处理方法，但生产设备成本比较昂贵。这种方式的主要过程为：先将咖啡豆浸泡在水中，此时咖啡生豆体积发生膨胀，本来结合紧密的咖啡因等化学分子就处于松动状态；随后咖啡生豆与超临界二氧化碳接触，高浓度的二氧化碳与咖啡因分子结合，持续析出咖啡豆中的咖啡因，因二氧化碳对咖啡因有较好的选择性，其他物质不会被萃取出来，从而去除咖啡豆中的咖啡因。这种方式处理过的咖啡生豆就可以留存住绝大部分的风味，只要进行干燥处理即可得到低咖啡因生豆。被二氧化碳带出的咖啡因可以视为 100% 纯的咖啡因，用分离设备进行分离操作就可以进行回收。二氧化碳可回收压缩变成液态循环使用，也可以直接排放到空气中，不造成污染。

课程 3

咖啡湿豆干燥

上一课程讲述的初加工处理都涉及咖啡豆的干燥，咖啡湿豆干燥有自然晾晒、机械热风干燥和两者混合使用三种方法。不论采用哪种干燥方式，干燥过程基本相似。一般情况下，咖啡湿豆的水分最高达57%，其中8%~13%含在表层中，这些水分可用离心机或常温强风脱除，去除表层水分的过程被称为预干燥；在除去表层水分后，咖啡豆就可以进入热风干燥系统中进行进一步干燥，直到水分降到12%左右，这个阶段被称为热风干燥。

一、咖啡豆干燥过程

咖啡豆干燥是一个不可逆转的生产过程，一旦开始就不能让咖啡豆再回潮，否则会造成质量下降和缺陷咖啡豆的产生。理论上，带壳咖啡豆干燥过程根据含水量大致分为6个阶段，见表5-1。

表5-1 咖啡豆干燥7个阶段的外观特征及各阶段含水量

干燥阶段	咖啡豆外观特征	含水量/%
表皮干燥阶段	咖啡豆全湿，咖啡豆呈白色	45~55
白色干燥阶段	咖啡豆表皮已干，豆与内果皮间无水，咖啡豆呈灰白色	33~44
软黑阶段	豆外观呈黑色，但豆较软	22~32
中黑阶段	豆外观呈黑色，但豆较硬	16~21
硬黑阶段	豆外观呈黑色，但豆全硬	13~15
全干燥阶段	豆外观呈绿色	10~12

注："黑色"并不是真正的黑色，而是比上一阶段豆的颜色更深。

1. 表皮干燥阶段

咖啡湿豆在这个干燥阶段最容易变酸或出现洋葱味,咖啡湿豆开始自然干燥时需要在晒场和晒架上摊开,晒豆层厚度 4 cm 左右,需经常翻动,要求当天豆粒表面晾干,否则会出现咖啡壳颜色不一致、引起重新发酵,导致质量下降、产生臭豆。

2. 白色干燥阶段

必须缓慢进行,防止在阳光下暴晒,以免造成种壳炸裂。此阶段如果干燥得太快,将出现咖啡豆表面硬化现象,即咖啡豆表面过干而收缩,阻碍豆内部的气体溢出,使咖啡豆外灰内白,皱缩或变成"船形",并且发生脱色,饮用变味。此阶段应避开烈日,断断续续地翻晒,夜间要集堆加盖,防止雨淋和从潮湿的夜风中吸入水分。这个阶段需要 2~3 天。

3. 软黑阶段

此时咖啡豆已半干,阳光能够穿透种壳进入豆内部从而引起化学变化。这是决定咖啡质量的关键阶段,需要晒 48~50 h,而且只能用阳光晒,不能用机械烘干代替。

4. 中黑阶段

咖啡豆含水量 16%~21%,咖啡豆已经变得较坚硬,颜色变深,这个时期可堆晒厚一些。也可短期储存。

5. 硬黑阶段

咖啡豆含水量 13%~15%,干燥可快速进行,必要时可使用烘干机烘干,这个时期咖啡豆内部水分分布均匀,可装袋储存一个月而不降低质量。

6. 全干燥阶段

咖啡豆含水量降到 10%~12%,咖啡豆呈灰色,牙齿咬不开,只能用指甲划出痕迹。

需要注意的是,干燥后含水量低于 10% 会形成过干的咖啡豆,此时的豆呈黄绿色,易碎,品质较低。因此,要注意控制干燥时间,避免过干。

综上所述,咖啡豆干燥的关键是必须尽快把豆粒表面晾干,经常翻动。绝对不能长时间堆放造成回潮、发霉、变质,使质量严重下降。即使晒场不足,也要首先保证水汽晾干后才能厚晒,厚晒的咖啡豆要经常翻拌,避免发霉,产生异味。

恰当的干燥程度不仅有助于咖啡豆的储存,还能使咖啡产生平衡的酸度和极好的香气,提高杯测分数,是烘焙咖啡豆的重要依据之一。在生豆贸易中只有水分含量在12.5%以下的生豆才能交易,因此咖啡的最佳含水量为10%~12%,干燥不足或干燥过度都会带来交易风险。干燥不足,生豆容易发霉变质;干燥过度,风味容易流失,带有不愉悦的木头味。建议带壳咖啡豆在正常天气情况下,水分含量干燥到12%即可收豆入库,脱壳后的咖啡生豆水分含量以11.5%为宜。

二、咖啡湿豆传统干燥

传统干燥采用自然干燥法,这种方式经济而环保。不足之处是受天气的影响较大,难以控制咖啡豆质量,需要修建相当规模的晒场和投入大量的人工劳动力。刚洗好的带壳咖啡湿豆含水量较高,在干净的晒场要把不同级别的带壳咖啡豆和干果分开晾晒;干燥程度不同的带壳咖啡豆(干果)也要分开晾晒,每天勤翻豆,有利于分批、分级入库。带壳咖啡豆的日晒时间为12~20天,干果的日晒时间为30~60天。在晒的过程中要避免露水或雨淋,否则会导致质量下降,当咖啡豆和果的含水量达12%时,用干净卫生、无异味的袋子包装入库。优质带壳咖啡豆的特征:碰撞声清脆、白亮、饱满、干果皮少。

1. 水泥地板阳光干燥

一般情况下,开始晾晒厚度较薄,为2~5 cm,随着豆表面水分蒸发逐渐增加厚度,平均厚度可达10 cm;同时为保证晾晒均匀,避免豆粒粘在晒场上翻搅不到,建议晾晒干燥带壳咖啡豆时必须打沟翻晒,也叫起垄翻晒,搅拌时让豆堆更换位置,每天搅拌不能低于3次,否则容易造成干燥不均匀,影响质量;晒豆晚上必须收成豆堆并且用塑料布覆盖。

2. 不落地晾晒

不落地晾晒是指带壳咖啡豆干燥时不直接接触地板,让咖啡豆受热均匀的一种干燥方式,包括在水泥地板上垫彩条塑料布晾晒、晒架晾晒、多层钢架式晒床、荫棚式晒床等。这些方式让咖啡豆干燥时通风良好、受热均匀,咖啡豆质量较好,但干燥时间长,成本高,不适宜规模化干燥。

(1)水泥地板垫彩条塑料布晾晒

因为光照强的时候,水泥地板热传导较强,导致咖啡豆干燥过快或者咖啡豆内部干燥不均匀,同时为保证晒豆时不被雨淋和便于夜晚收豆方便覆盖,有的处理厂在水泥地板上垫彩条塑料布晾晒咖啡豆。这种方法容易操作,方便实用。

（2）晒架晾晒

在很多经济落后及咖啡园分散的地区，处理厂经常在产季利用木棍和铁丝筛网、较厚塑料布搭建简易晒架，用来自然干燥咖啡豆，晚上用塑料布进行覆盖，产季结束就进行拆除。相对来说成本非常低，但干燥质量较好。

（3）多层钢架式晒床

在经济较发达地区和做精品微批次处理的厂商，会用钢材和筛网搭建多层的移动式晒架和晒床，以更好地控制自然干燥条件。常见的晒架长 5 m，宽 1 m，框高 5~10 cm，单层晒架高 100 cm，多层晒架高 150 cm，可达 4 层。

（4）荫棚式晒床

很多做精品咖啡豆的处理厂，为寻求咖啡豆更均匀和更长时间的干燥方法，避免阳光对咖啡豆的暴晒，而搭建遮光率在 50% 左右、两侧敞开通风的荫棚，让带壳咖啡豆进行缓慢的半阴干。

三、咖啡湿豆机械热风干燥

自然干燥非常浪费场地和时间，同时受降雨影响较大，所以有条件的规模化商业豆咖啡处理厂，常常使用机械干燥方法。机械热风干燥是采用热风穿透咖啡豆的方法进行干燥，风机输送可控热风，送到咖啡豆干燥池内，热风从咖啡豆间隙中穿过，同时翻动咖啡豆，从而实现咖啡豆均匀脱水，以达到干燥目的。一般干燥机的热风温度控制在 45~55 ℃，热风速度 1 m/s。

从咖啡豆的质量角度来说，一般用机械烘烤方式完成软黑阶段以前的干燥过程，中黑、硬黑的干燥阶段最好由自然晾晒干燥完成。但大部分规模化处理厂会用热风干燥机械一次性干燥到位。热风干燥设备的干燥温度一般应低于 55 ℃，否则会烤焦咖啡或使种壳收缩，豆内部水分不易扩散而降低质量。干燥时间根据咖啡豆所需水分含量、热量供应和循环利用程度的不同而变化较大。

与自然晾晒干燥相比，机械热风干燥的优点：能够人为调控咖啡豆的干燥时间和温度，不用晒场而节省了大量土地；缩短带壳咖啡豆的干燥时间；降低人力成本；不受天气的影响；带壳咖啡豆的含水量易控制，保证了咖啡豆干燥的一致性，提高带壳咖啡豆的外观质量；能提高咖啡杯品质量。机械热风干燥的缺点：每天的干燥量有限；要有专门的设备；操作人员要遵循一定的技术要求。机械热风干燥设备在国外（巴西、哥伦比亚等国）已经普遍使用。对于土地面积有限、劳动力成本高而燃料成本低的种植地区，应考虑使用机械热风干燥设备。

1. 滚筒式干燥

巴西等一些国家主要采用滚筒式的干燥技术进行咖啡豆干燥。这种干燥方法仍需要配置一定规模的晒场，所需员工人数较少，不受天气情况影响，干燥过程可控，干燥质量较稳定，能实现规模化干燥加工。但投资成本较高，比较适合机械化鲜果采收、能精确控制采收量的咖啡种植区域。

（1）滚筒式干燥的特点

1）干燥周期：50 h；

2）干燥量恒定（适于机械化采收鲜果）；

3）干豆水分较均匀；

4）干燥前必须进行表皮脱水处理。

（2）滚筒式干燥原理

滚筒式干燥利用炉子加热产生的热风，经风机输送到可旋转的圆筒型干燥机内，热风穿过咖啡，带走水分，同时圆筒型干燥机不停旋转，保证了咖啡豆干燥的均匀性。

（3）滚筒式干燥工作过程

首先将湿咖啡豆按规定的量装入滚筒中，其次通过燃料燃烧或锅炉加热热交换器，经过热交换器的常温空气被加热到要求的温度后，经风机作用，被带入滚筒中心的散热管，散热空气穿透滚筒内的咖啡豆间隙，并把咖啡内的水分经滚筒表面上开的孔一起排出，达到干燥的目的，同时滚筒不停旋转，实现对咖啡豆不停搅拌。

2. 背压平衡式干燥

背压平衡式干燥是利用一定温度、风压、风量及清洁热空气，对一定厚度的咖啡湿豆进行热风干燥。当咖啡水分降到所需条件时，对咖啡采用一定时间的热风背压平衡作用，最后利用热风，进一步将咖啡水分降到目标值。这种干燥方法不受天气情况影响，不需要晒场，投资成本低，干燥水分均匀，干燥质量稳定，容易实现自动化控制和规模化生产。

（1）背压平衡式干燥特点

1）干燥周期：45 h；

2）干燥量可在一定范围内变化（适于人工采收鲜果）；

3）干豆水分均匀，干燥质量稳定；

4）干燥前不需对湿豆进行表皮脱水处理。

（2）背压平衡式干燥过程

此方式所用设备由不锈钢或砖砌成，有方形和圆形两种结构，其干燥原理相同。干燥池均分为上下两层，干燥厚度一般不超过 50 cm，每立方米可干燥 800 kg 咖啡豆，供热设备以炉子或电热泵为宜，其干燥过程如下。

1）表皮快速除水：处理好的湿咖啡豆水分含量高达 57%，其中有 44% 水分是以生物水分的形式含在咖啡豆细胞内，13% 的水分是以自由水的形式附着在咖啡豆表皮上面。咖啡湿豆的表皮上还附有少量的果胶、果酸、果皮、生物酶等杂质，这些杂质在潮湿环境中容易发生化学反应而腐败变质，严重污染咖啡豆。而解决的最佳方法就是在 8 小时内快速除去咖啡湿豆的表皮水分。

在低温干燥条件下实现咖啡湿豆表皮快速降水的最佳方法是大风量、大风压对咖啡湿豆进行热风作用。快速除水过程中，由于大风量、大风压热风作用强烈，当快速除去咖啡湿豆表皮水分的同时，咖啡豆细胞内的生物水分也能排除一部分，所以当咖啡豆表皮水分除完时，咖啡豆内的平均生物水分含量已降到 35%。

2）前段慢速干燥：当咖啡表皮水分除净后，继续干燥就进入咖啡豆内部生物水分的干燥过程，要求咖啡豆水分含量从 35% 降到 21%，这个过程是咖啡豆因脱水而发生收缩较大的过程，容易造成咖啡豆变形或咖啡壳开裂，影响咖啡豆的外观质量。因此，该过程需要调低热风风压和风量，一般调低到表面脱水风压风量的 80%。大风量导致咖啡豆内部的生物水分蒸发速度不一致，当咖啡豆内的平均生物水分含量已降到 21% 时，豆与豆之间水分含量相差达到 3%，这样继续下去，就不能达到国际上对咖啡豆干燥水分含量误差范围的要求。

3）背压平衡：让咖啡豆静置于密闭干燥池内（下层干燥池内），受到恒定温度一定热风风压、风量，经过一定时间，使咖啡豆之间水分含量误差基本趋于一致，最终咖啡豆的水分含量降到 16%，咖啡豆与咖啡豆之间生物水分含量误差值为 0.3%，低于国际标准值要求。同时，由于咖啡内含有淀粉、脂类、蛋白质、糖类、咖啡碱、芳香物质和天然解毒物质等多种化学成分，会因这种特殊环境发生一定变化，使得咖啡风味得到提升，这个阶段是确保咖啡质量稳定的主要阶段。

4）后段快速干燥：当背压平衡完成后，此时咖啡豆水分含量为16%，此时利用热风作用将咖啡豆干燥到水分含量为12%即可入库，此阶段干燥对咖啡的物理外观质量及品质影响较小，条件允许情况下可采用大风量、大风压快速干燥。

课程 4

咖啡豆脱壳分级初加工

一、咖啡豆脱壳分级初加工过程

咖啡豆脱壳分级主要是对干燥后的带壳咖啡豆进一步进行脱壳、去银皮、抛光以及重力分级、粒度筛选,再通过成熟度、完整度及色度分级等,进而得到咖啡豆(或叫生咖啡豆),这一过程也叫咖啡豆精制初加工。咖啡豆精制初加工可以为咖啡的进一步精加工(如生产烘焙咖啡粉、速溶咖啡粉等)提供符合要求的加工原料。

通过咖啡豆精制初加工可以提高咖啡的附加值,增加咖啡种植业的产值,完善咖啡行业的产业链,推动咖啡产业的规模化发展与可持续发展。

二、咖啡豆脱壳分级初加工工艺

咖啡豆脱壳分级初加工主要工艺为:带壳咖啡豆→除杂→脱壳抛光→风选除杂→粒径分级→色选分级→成品咖啡豆→计量包装→产品入库储存。

带壳咖啡豆是指未经脱壳处理的咖啡干果,其豆粒的水分含量为10%~12%,质量应达到带壳咖啡豆的技术要求。

1. 除杂

为保证产品的质量,保护后续加工设备不被损伤,须对带壳咖啡豆原料进行除杂处理,除去原料中夹带的杂草、枝叶、尘土等轻杂质,砂石、泥块、玻璃等重杂质,以及金属杂质等。

2. 脱壳抛光

咖啡脱壳主要是利用机械摩擦将咖啡豆与咖啡壳分离,干燥后的带壳咖啡豆在脱壳机内进行脱壳，随后进一步在抛光机内去除银皮，得到透亮的咖啡豆。

3. 风选除杂

通过脱壳抛光出来的咖啡豆，可能还含有较多的壳屑、银皮及少量的碎咖啡豆等。由于咖啡豆与壳屑、银皮及碎咖啡豆的密度不同，因此通过重力分级的方式可将它们与咖啡豆进行分离，保证咖啡豆的纯净和质量。

4. 粒径分级

通过风选除杂出来的咖啡豆是一种混合级的咖啡豆。为提高咖啡豆的商品价值，提高经济效益，需要按粒度对其粒径分级处理。一般采用咖啡豆专用多级筛，根据咖啡豆的粒径大小，进行粒径分级，分出不同级别的咖啡豆。

5. 色选分级

通过粒径分级的咖啡豆可能含有虫害豆、病害豆、过熟豆、未熟豆，以及前序工艺造成的损伤豆，因此要进一步分选完整且品质良好的成熟豆。这一过程主要利用咖啡豆的颜色差异进行分选，所用设备为咖啡色选机。

6. 计量包装

经过去壳、分级的咖啡豆即为成品咖啡豆，可以按照同一级别、同一采收季节等进行计量包装，一般按照净含量（60±0.2）kg/袋或（70±0.2）kg/袋包装，所用包材主要是麻袋、聚乙烯或聚丙烯塑料袋等。

7. 产品入库储存

咖啡豆储存需要一定条件，堆码高度、温度、湿度均要符合要求，如堆码高度一般在 2.5 m 左右，温度在 22 ℃以下，相对湿度在 60% 以下，储存环境无烟尘，空气质量优良。

课程 5

咖啡豆质量评价

咖啡豆的质量是咖啡初加工过程中的关键点，要正确判断咖啡豆质量的好坏，必须在咖啡豆生产的各个环节进行质量跟踪和监督。国际上通行的做法是采用气候、海拔、品种、土壤、管理、加工、储存和运输过程中的缺陷进行评价，咖啡豆的质量鉴定分为外质鉴定及内含物化学分析鉴定。在商业贸易中通常只采用生豆外质鉴定和熟豆杯测内质鉴定，咖啡豆的质量等级根据咖啡生豆的外观、气味、粒径、水分、缺陷物比例、感官评价、卫生指标来综合评定。

一、咖啡豆主要质量评价体系

咖啡豆的质量通常由咖啡生产国依据瑕疵率（缺陷率）、豆形粒度（用网筛筛号来衡量）、产地海拔、生豆密度、处理标准甚至杯测分数来确认分级。

1. 瑕疵率

随机从需要分级的生豆中取 300 g 豆样，进行人工分拣，把未熟豆、霉变豆、破损豆、虫蛀豆以及小石子等杂质挑出来，按照挑出来的数量进行分级，瑕疵豆越少，品级越好。

按照瑕疵率分级还有不同的标准，通常国际上用的是以下三种：美国标准 USP，即 US Preparation；欧洲标准 EP，即 Euro Preparation；极品标准 GP，即 Gourmet Preparation。

这些标准是以咖啡瑕疵率和颗粒大小确定品级，有时也会另外附加标准。一般情况下，USP/EP 标准相对常见，且 EP 标准高于 USP 标准。

2. 粒度大小

按照国际标准化组织 ISO 4150：2011《生咖啡或咖啡原料粒度分析 人工

和机器筛分》和 NY/T 3979—2021《生咖啡 粒度分析 手工和机械筛分》规定，由不同孔径的筛网进行粒度大小筛分，孔径与筛号对应关系见表 5-2。

表 5-2 孔径与筛号对应关系

筛号	20	19	18	17	16	15	14	13	12	10
筛孔径 /mm	8.00	7.50	7.10	6.70	6.30	6.00	5.60	5.00	4.75	4.00

豆粒通用级别：AA 级为 17~18 号；AB 级为 15~16 号；C 级为 14~15 号；E 级指大象豆（通常为大号圆豆）；PB 级指小圆豆；T 级指从 AA 级和 AB 级当中重力分级出的轻型豆；TT 级指小于 T 级的碎豆；UG 级指未评级，即达不到任何官方要求的级别。其中 AA 级为最高级别，这一级别的咖啡豆有资格入选精选咖啡，C 级以下的咖啡通常用作饲料或肥料。

3. 海拔及咖啡豆硬度

大多数中南美洲国家都以咖啡生长的海拔作为基准来标示咖啡豆等级（见表 5-3）。如高海拔咖啡豆（SHB，strictly hard bean），通常是指海拔 1 400 m 以上高地出品的咖啡豆。同一纬度，同一地区，海拔越高，日夜温差越大，咖啡生长期越长，咖啡豆越坚硬，豆中吸收的养分越多，风味物质会越明显。因此，高海拔、极硬的咖啡豆通常被认为是高品质的代表，很多中南美洲国家主要出口的咖啡生豆为高海拔咖啡豆（SHB）等级。

表 5-3 海拔高度与咖啡质量关系

海拔高度 / m	评价表述	代号
1 400 以上	极硬豆	SHB（strictly hard bean）
1 200~1 400	硬豆	HB（hard bean）
1 100~1 200	稍硬豆	SH（semi hard bean）
900~1 100	特优质水洗豆	EPW（extra prime washed）
800~900	优质水洗豆	PW（prime washed）
600~800	特良质水洗豆	EGW（extra good washed）
600 以下	良质水洗豆	GW（good washed）

二、咖啡豆质量评价主要步骤

咖啡豆质量评价主要步骤包括取样、初检、水分检测、粒径检测、缺陷分拣、检测记录等。

1. 取样

按照 ISO 4072：1982《袋装生咖啡　取样》和 NY/T《袋装生咖啡　取样》规定程序进行取样，主要是使用采样器从同一批次生产的咖啡豆包装麻袋的上、中、下部位均匀取样，所有基样混合均匀后根据实际情况分为四等份或若干份，送杯测室、存样、缺陷分拣、化验等。

2. 初检

在采样的同时，要对咖啡豆的外部及气味特征进行初检。主要是净手后捧取每袋样品查看，一是观察豆粒大小和饱满程度，二是观察豆粒颜色，三是闻生豆气味。通过这一系列观察，判断生豆外观和气味是否正常。正常生豆豆粒饱满，在阳光下整体呈浅蓝或浅绿色，具有清新的生青味。若豆样中黑豆、棕色豆、霉豆等缺陷豆比例高，则会闻到异常气味或有呛鼻感。在检测时，如果发现任何一项有异常，应记录下来。

3. 水分检测

使用水分仪对抽取的基样进行含水量测定，水分≤12%较好，一般水分含量范围为9%~12%，标准指标为10%~12%。在定价时，会根据实际水分与参照标准的差别相应地进行增扣。

4. 粒径检测

从混合基样中抽取100 g过平面圆孔筛网，筛网要按照孔径大小自上而下依次叠放，筛号数要根据不同商业贸易需求选取。检测时，将接豆盘放于筛网下，将100 g咖啡豆样倒在最上面的筛网上，用手轻轻角对角式搅拌咖啡豆，同时轻轻抖动筛网，搅拌完毕后用力抖一下筛网，以便被挂住的咖啡豆掉下，不能掉下的咖啡豆视为不能过筛。筛豆结束后要进行称重（重量精确到0.1 g），再将接豆盘上的小豆称重，如果筛豆时发现杂质、豆壳或碎豆，应当做记录。最终结果中，要求筛网号13号以上的咖啡豆重≥97 g，14号以上的咖啡豆重≥95 g，15号以上的咖啡豆重≥75 g。

5. 缺陷分拣

在混合基样中，抽取100 g生豆进行碎豆率、色豆率、异物率分拣计算，其中碎豆率≤15%、色豆率≤3%、异物率≤0.1%。任何一项指标超过对应指标最大值则为不合格；若单项不超过最大值，但是三项合计大于15%，也视为不合格。

6. 带壳咖啡豆检测

如果样品为带壳咖啡豆，必须按同批次原料袋数100%抽样后，经脱壳成商品豆，并按上述步骤进行检测，再做熟豆杯测检测。

7. 检测记录

根据上述检测内容数据，认真填写检测记录表，见表5-4至表5-6。

表5-4 咖啡入库检测记录表

日期	编号	货主	咖啡豆质量/kg	100 g 商业或脱壳豆			含水量/%	备注
				13号	14号	15号		

表5-5 咖啡豆样品检测记录表

日期	样品编号	含水量/%	100 g 生豆缺陷比例*				杯测等级	备注
			碎豆/g ≤15	色豆/g ≤3	异物/g ≤0.5	总缺陷/g ≤15		

注：*任一个单项缺陷超过对应的最高缺陷指标，拒收；单项缺陷不超标，三项合计＞15%，拒收。

三、咖啡豆主要质量评价指标

1. 咖啡豆的缺陷指标

咖啡豆缺陷类型主要有非咖啡的缺陷（外来杂质）、非豆物质的缺陷（果皮、果壳碎片或无肉干果）、不完整豆（形状不完整咖啡豆）、外观不正常豆（外表颜色不正常咖啡豆）、变味咖啡（烘焙和杯品测定有感官缺陷的咖啡豆）。气候、海拔、品种、土壤、管理、鲜果加工、储存和运输各个环节都可能产生瑕疵豆，各环节导致的常见缺陷豆类型、产生原因及对杯测影响程度见表5-7（不包括外来杂质导致的非咖啡缺陷、碎果皮或碎果壳导致的非豆物质的缺陷等）。

表 5-6 杯品评分记录表

杯品机构：_____ 杯品地点：_____ 杯品时间：_____

编号										
烘焙度	分数 □ 1. 干香与湿香 5 6 7 8 9 10	分数 □ 3. 余韵 短|||||长 5 6 7 8 9 10	分数 □ 5. 醇厚度 薄|||||厚 5 6 7 8 9 10	分数 □ 7. 甜度 低|||||高 5 6 7 8 9 10	分数 □ 9. 一致性 □ 5 6 7 8 9 10	分数 □ 11. 负面评价 瑕疵=2 程度 杯 缺陷=4 □ × □ = □
	分数 □ 2. 风味 5 6 7 8 9 10	分数 □ 4. 酸度 低|||||高 5 6 7 8 9 10	分数 □ 6. 平衡性 5 6 7 8 9 10	分数 □ 8. 干净度 □ 5 6 7 8 9 10	分数 □ 10. 总体性 5 6 7 8 9 10	总分
标注						

编号										
烘焙度	分数 □ 1. 干香与湿香 5 6 7 8 9 10	分数 □ 3. 余韵 短|||||长 5 6 7 8 9 10	分数 □ 5. 醇厚度 薄|||||厚 5 6 7 8 9 10	分数 □ 7. 甜度 低|||||高 5 6 7 8 9 10	分数 □ 9. 一致性 □ 5 6 7 8 9 10	分数 □ 11. 负面评价 瑕疵=2 程度 杯 缺陷=4 □ × □ = □
	分数 □ 2. 风味 5 6 7 8 9 10	分数 □ 4. 酸度 低|||||高 5 6 7 8 9 10	分数 □ 6. 平衡性 5 6 7 8 9 10	分数 □ 8. 干净度 □ 5 6 7 8 9 10	分数 □ 10. 总体性 5 6 7 8 9 10	总分
标注						

续表

编号	分数	分数	分数	分数	分数	分数
烘焙度 ▨▨▨ ▨▨▨ ▨▨▨	1. 干香与湿香 5 6 7 8 9 10	3. 余韵 短⊢⊣长 5 6 7 8 9 10	5. 醇厚度 薄⊢⊣厚 5 6 7 8 9 10	7. 甜度 低⊢⊣高 5 6 7 8 9 10	9. 一致性 □□□	11. 负面评价 瑕疵=2 程度 杯 缺陷=4 □×□=□
	2. 风味 5 6 7 8 9 10	4. 酸度 低⊢⊣高 5 6 7 8 9 10	6. 平衡性 5 6 7 8 9 10	8. 干净度 □□□	10. 总体性 5 6 7 8 9 10	总分
标注						

注：①本表参照云南省地方标准 DB53/T 149.6—2023《小粒种咖啡 第 6 部分：杯品》。样品杯品时分为正面评价和负面评价，正面评价包括香气、风味、干香度、余韵、酸度、平衡度、甜度、醇厚度、一致性和总体性，分数按照百分制，每个属性设置满分为 10 分。除干净度和一致性外，其他正面评价属性均有标记尺度，其中余韵、醇厚度、酸度有两种标尺，强度标尺用于杯品人员对其特性强度进行标记，评分标尺则用于正面评价分标记。做干净度和一致性评价时，每个样品做三个重复评价，如果发现一次不干净或不一致，在相应框内标注一个"×"，亦可注明原因，如酚味、霉味等。

② 正面评价计分标准：差 0～3 分；尚可 4～5 分；一般 6 分；好 7 分；非常好 7.5 分；优秀 8.5 分；非常优秀 9 分；完美 10 分。

③ 负面评价计分标准：扣分项（香气评价中发现的负面味道）计 2 分；一个缺陷（品尝过程中发现的负面味道）计 4 分。负面评价扣分为各杯负面评价分数相加之和。

表5-7 常见缺陷豆类型、产生原因及对杯测的影响程度

生产环节	缺陷豆名称	产生原因	对杯测的影响程度
种植环节	椿象危害豆	椿象吸吮绿果果汁	非常高
	琥珀豆	土壤缺铁；土壤pH高	中等
	薄片豆	咖啡豆发育的自然缺陷	中等
	霜冻豆	霜冻	非常高
	未成熟豆	混合采果；干法加工豆；缺肥；病虫害	中等—最高
	皱缩豆	干旱；果实发育不良	低—中等
种植或初加工环节	黑豆	病虫害；干旱；熟果落地过度发酵；干燥差	高
	部分黑豆		中等—高
	棕色豆	干燥时间长；过熟果；霜害；黑果	非常高
	蜡质豆	过熟果；发酵时受细菌危害；干燥时间长	高
	银皮豆	干旱；未成熟豆；发酵时间不足；干燥时间长	中等
初加工环节	踩裂豆	晒豆时被踩裂的咖啡豆；未干脱壳	中等—高
	果皮豆	不成熟；过熟；鲜果部分变干不能脱净果皮	高
	臭豆	过度或重复发酵；污水加工；鲜果未及时脱皮；干燥方法不正确	非常高
	带壳咖啡豆	脱壳机调校有问题	高
	干果	鲜果不分级	非常高
	机损咖啡豆	脱皮机调校不好；鲜果不分级脱皮	中等
	异色过干豆	过度干燥	中等
初加工或储存环节	酸豆	采果到脱皮的时间长；过度发酵；污水加工；仓库潮湿	很高
	花斑豆（斑疤豆）	回潮；干燥不均匀	中等
仓储环节	陈豆	储存时间长；储存条件差	中等—高
	白豆	储存或运输中受细菌危害	中等—高
	霉豆	储存或运输中受霉菌危害	非常高
	被储存害虫轻度危害的豆	咖啡豆象等虫害	中等—高
	被储存害虫严重危害的豆	咖啡豆象等虫害	非常高
	被储存害虫寄生的豆	害虫虫卵寄生于豆内所致	高
	海绵豆（白豆）	储存或运输中变质	低—中等

2. 咖啡豆的主要质量评价指标

咖啡豆主要质量评价内容和指标包括：外观和感官特性、物理指标、化学指标、卫生指标等。参照 NY/T 604—2020《生咖啡》，生咖啡分为一级、二级、三级。

（1）外观和感官特性

不同等级咖啡豆的外观及感观特性指标见表5-8。

表5-8 不同等级咖啡豆的外观及感观特性

项目	要求		
	一级	二级	三级
感官特性	气味、滋味和口感很好（杯品一级）	气味、滋味和口感较好（杯品二级）	气味、滋味和口感较差（杯品三级）
外观	颜色应为浅蓝色、浅绿色、浅褐色，形状为圆形或椭圆形		

（2）物理指标

不同等级咖啡豆的物理指标见表5-9。

表5-9 不同等级咖啡豆的物理指标

项目	要求						检验方法标准代号
	阿拉比卡咖啡			罗巴斯塔咖啡			
	一级	二级	三级	一级	二级	三级	
缺陷咖啡豆，%（质量分数）	≤6	≤8	≤12	≤10	≤20	≤35	GB/T 15033—2009
外来杂质，%（质量分数）	≤0.1	≤0.2	≤0.3	≤0.5	≤1.0	≤5.0	GB/T 15033—2009
粒度*，mm	>6.30	>5.60	>4.75	>6.70	>5.00	>4.75	ISO 4150—2009

注：*达到同等级的粒度要求不少于90%。

（3）化学指标

不同等级咖啡豆的化学指标见表5-10。

表 5-10　不同等级咖啡豆的化学指标

项目	要求		检验方法标准代号
	阿拉比卡咖啡	罗巴斯塔咖啡	
水分，%（质量分数）	≤ 12.0	≤ 12.5	GB 5009.3—2016
灰分，%（质量分数）	≤ 5.5	≤ 5.5	GB 5009.4—2016
咖啡因，%（质量分数）	≥ 0.6	≥ 1.5	GB/T 16344—1996

四、部分主产国咖啡豆的质量标准

1. 商品咖啡豆等级标准

咖啡主产国商品豆的等级没有统一的标准，各国的级别评价差异较大，部分咖啡主产国商品豆的等级标准见表 5-11。

表 5-11　部分咖啡主产国商品豆的等级标准

咖啡主产国	等级	海拔 /m	描述
牙买加	一级蓝山	1 000~1 200	瑕疵豆比例不超过 2%
	二级蓝山		瑕疵豆比例不超过 2%
	三级蓝山		瑕疵豆比例不超过 2%
	蓝山特选		瑕疵豆比例不超过 4%
	圆豆		瑕疵豆比例不超过 2%
	高山		瑕疵豆比例不超过 2%
	牙买加优质		瑕疵豆比例不超过 2%
	牙买加精选		瑕疵豆比例不超过 4%
危地马拉	1. 极硬豆（SHB）	1 372 以上	—
	2. 硬豆（HB）	1 219~1 372	—
	3. 稍硬豆（SH）	1 067~1 219	—
	4. 特优质水洗豆（EPW）	914~1 067	—
	5. 优质水洗豆（PW）	762~914	—
	6. 特好水洗豆（EGW）	610~762	—
	7. 好水洗豆（GW）	610 以下	—
哥伦比亚	特选级	—	80% 的咖啡豆能通过 17 号以上的筛网
	上选级	—	80% 的咖啡豆能通过 14~16 号筛网

续表

咖啡主产国	等级	海拔/m	描述
坦桑尼亚	AA	—	筛网6.75 mm以上
	A	—	筛网6.25~6.50 mm以上
	AB	—	筛网6.15~6.50 mm以上
	AF	—	AA级及A级豆中的轻豆
	C	—	筛网5.90~6.15 mm以上
	TT	—	B级豆中的轻豆
	F	—	AF级与TT级中的轻豆
	E	—	大象豆
	PB	—	圆豆

2. 精品咖啡豆的质量评价

精品咖啡用于描述产于一些特定区域，因微气候而具有最好风味的咖啡。精品咖啡与种植环境、品种和加工方法密不可分。现在国际咖啡贸易采用"4C"、雨林等认证体系，实现咖啡产品到产地的可追溯性，是实现生产精品咖啡的前提条件。

目前世界主要的精品咖啡协会分别是：精品咖啡协会SCA、日本精品咖啡协会SCAJ。精品咖啡豆的质量要求主要包括以下几个方面。

（1）地域：重视品种与水土，明确产区、庄园、纬度、海拔、小气候。

（2）加工方法：重视低污染处理方法，流行日晒、半水洗、蜜处理、湿刨法等加工方法。

（3）微处理方法：酶作用、焦糖化、干馏作用等。

（4）区域环境条件：高海拔、火山、石灰岩或花岗岩土质、高温时多云或有庇荫树（凉爽）、昼夜温差大、干湿季明显。

（5）品种和种植管理。适宜的咖啡品种、人工采摘鲜果、有机种植、种植规模小。

（6）精品咖啡豆的质量评价方法：随机选取350 g咖啡生豆样品进行评价。达到精品级咖啡豆标准为：无一级瑕疵豆，少于或等于5个二级瑕疵豆。生豆评价系统中共有16种瑕疵豆，其中6种为一级瑕疵豆，10种为二级瑕疵豆，一级瑕疵豆标准见表5-12，二级瑕疵豆标准见表5-13。

表 5-12　一级瑕疵豆标准

序号	瑕疵豆种类	标准
1	全黑豆	1 颗明显的全黑豆 =1 个完整瑕疵
2	全酸豆	1 颗全酸豆 =1 个完整瑕疵
3	霉菌豆	1 颗霉菌豆 =1 个完整瑕疵
4	异物	1 个异物 =1 个完整瑕疵
5	干果/干豆荚	1 个干果或干豆荚 =1 个完整瑕疵
6	严重虫蛀豆	3 个或更多穿孔为严重虫蛀豆，5 颗严重虫蛀豆 =1 个完整瑕疵

表 5-13　二级瑕疵豆标准

序号	瑕疵豆种类	标准
1	局部黑豆	一颗豆中一半以下颜色为黑色，3 颗局部黑豆 =1 个完整瑕疵
2	局部酸豆	一颗豆中一半以下是酸豆，3 颗局部酸豆 =1 个完整瑕疵
3	轻微虫蛀豆	少于 3 个穿孔为轻微虫蛀豆，10 颗轻微虫蛀豆 =1 个完整瑕疵
4	未熟豆	5 颗未熟豆 =1 个完整瑕疵
5	死豆	5 颗死豆 =1 个完整瑕疵
6	漂浮豆	5 颗漂浮豆 =1 个完整瑕疵
7	贝壳豆	5 颗贝壳豆 =1 个完整瑕疵
8	带壳豆	5 颗带壳豆 =1 个完整瑕疵
9	果壳/果皮	5 个果壳/果皮 =1 个完整瑕疵
10	破损（裂、断）豆	5 颗破损豆 =1 个完整瑕疵

依据瑕疵率（缺陷率）、豆形大小、生豆密度、处理标准分级，优质级的咖啡豆就可以作为精品咖啡原料豆进行后续深加工处理。根据精品咖啡协会制定的咖啡评价体系，由经过认证的生豆品鉴师对咖啡进行分级和打分，综合杯测（盲测）的香气、风味、余韵、酸度、醇厚度、一致性、均衡度、干净度、甜度、整体评价等指标评分。其中一致性、干净度、甜度是寻找缺陷的扣分项，5 杯样品同一条件下测试，瑕疵等级以出现的杯数来评分，轻微等级 2 分/杯，严重等级 4 分/杯。上述每项指标按照 6~7 分为"好"，7~8 分为"非常好"，8~9 分为"优秀"，9 分及以上为"超凡"，综合评分达到 80 分以上为精品咖啡，80 分以下为商业咖啡。

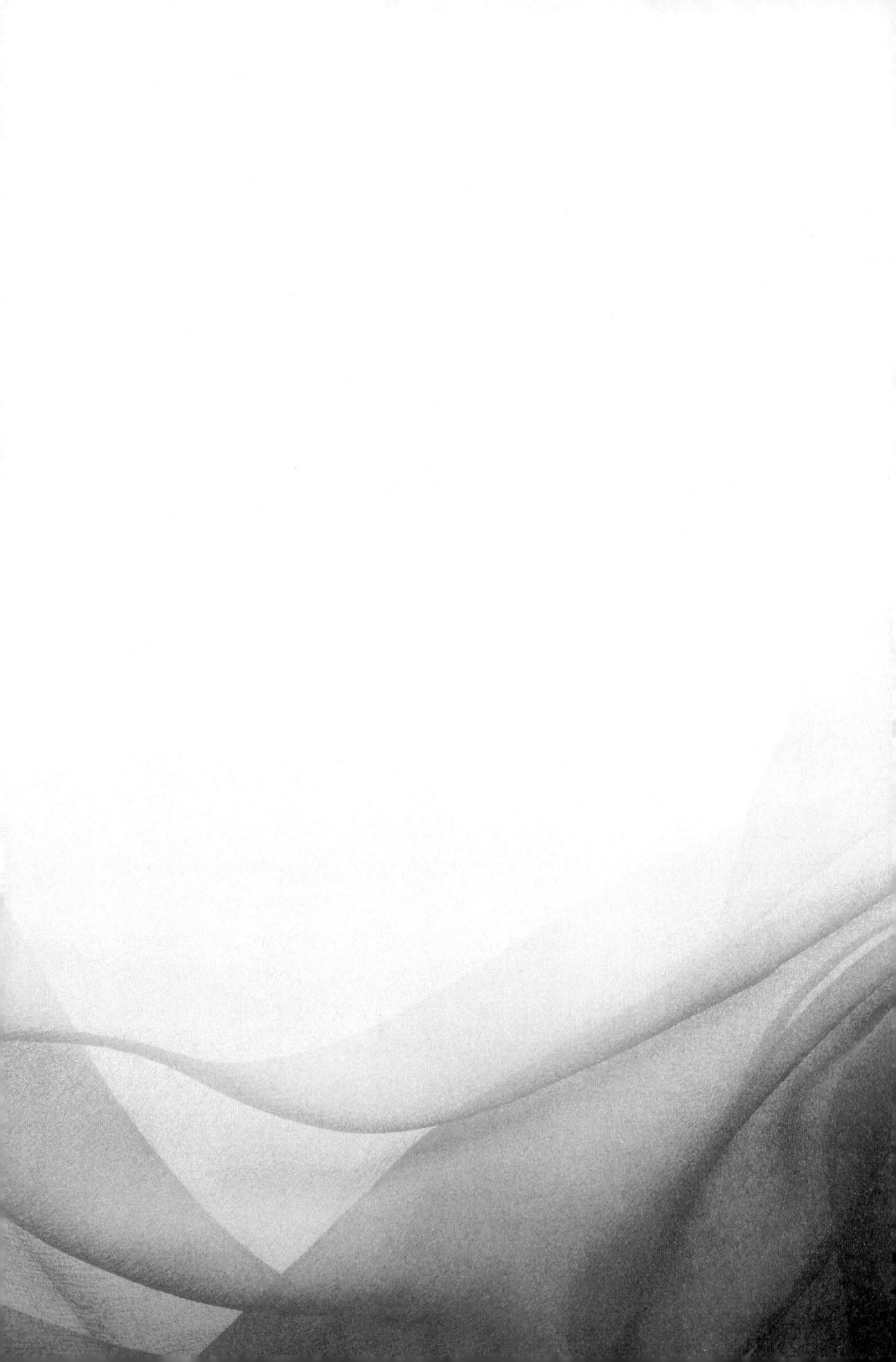

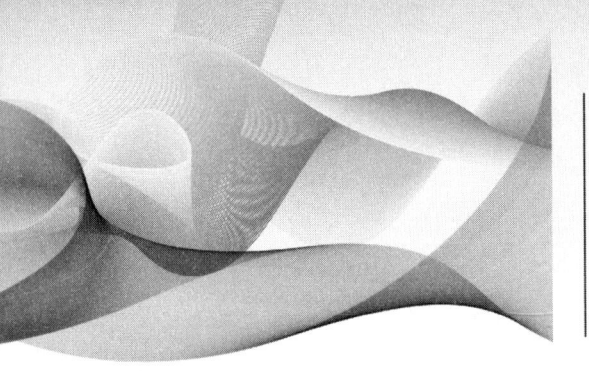

模块 6
咖啡精深加工

课程 1　咖啡烘焙

一、咖啡烘焙概述

新鲜的咖啡生豆除了能散发出淡淡的青草香，并不能散发出其他的香味。即使把咖啡生豆浸泡在热水中，依然无法得到常见的咖啡的香气和风味，因此咖啡生豆一般被视为未加工的食品原料，通常称为原料豆。咖啡的香气、风味、口感等主要取决于烘焙的过程，烘焙过程是影响咖啡风味品质的关键环节。咖啡在烘焙的过程中，通过与热源充分接触，咖啡豆内的各种物质发生复杂的物理和化学反应，产生许多化合物，在研磨成粉和冲泡时散发出令人愉悦的香气和特有的风味。

1. 咖啡烘焙的概念

咖啡烘焙是指利用特定的设备（烘焙机）对生豆进行加热，促使咖啡豆内外部发生一系列物理和化学变化，生成酸、苦、甘等多种风味物质，形成醇度和色调，将生豆转化成棕色或褐色熟豆的过程。烘焙的目的在于突显咖啡本身的风味特色，确保咖啡豆的品质，让咖啡豆形成水溶性化学物质，进而产生最佳的风味。

2. 咖啡生豆的化学成分

咖啡生豆是咖啡的胚乳（种子），它由各种形式的碳水化合物、水、蛋白质、脂肪、酸、生物碱等组成。咖啡生豆的水分含量为8%~12%，干物质含量为88%~92%。咖啡师在烘焙前通常会了解生豆的物理特性，以便在烘焙时更好地去呈现特有的地域风味。

（1）纤维

咖啡生豆由植物纤维或多糖物质组成框架，经过烘焙，蕴含在生豆中的数百种化合物会变成油脂和水溶性物质，从而形成咖啡的风味。

（2）脂肪

咖啡生豆中的脂肪主要是甘油三酯，含量一般为12%~16%，因品种而异。咖啡豆中的脂肪是咖啡烘焙后产生香味的主要成分之一，虽然脂肪不溶于水，但在冲煮好的咖啡中依然能被感受到，尤其是使用意式咖啡机萃取时，油脂的颜色和持久度是判断意式咖啡的指标之一。在冲煮好的咖啡中，脂肪是香味物质的载体之一，并最终影响着咖啡的口感。通常，同一株树上成熟果实的脂肪含量略高于未成熟果实。因脂肪容易氧化变质，提高了烘焙豆的储藏要求。

（3）糖类

咖啡生豆中的糖类物质主要包括多糖类和低分子糖类（寡糖）。多糖类是生豆中含量最多的成分，约占35%~45%，它们没有甜味，是构成植物纤维等物质的基础。低分子糖类中，蔗糖是生咖啡豆中最主要的游离态糖类，其含量因咖啡豆的品种、来源及成熟度而异，通常占到咖啡生豆质量的6%~9%，是咖啡甜度的来源。此外，生咖啡豆中还含有葡萄糖、果糖等其他简单的糖类。

（4）蛋白质

蛋白质和氨基酸约占咖啡干物质的10%~14%。氨基酸和还原糖会在烘焙过程中发生美拉德反应，生成黑色素聚合物，使得咖啡呈现棕褐色，散发出甜苦味及烤肉等香气。

（5）咖啡因

咖啡因的分子式为$C_8H_{10}N_4O_2$，是咖啡果实中的主要生物碱成分，是咖啡苦味之源。咖啡因的含量在不同品种中有所差异，如阿拉比卡豆约为1.0%~1.7%，罗巴斯塔豆约为2.0%~4.5%。

（6）有机酸类化合物

咖啡果实中的有机酸类物质含量丰富，是咖啡风味的来源和具备功能功效的活性成分。主要包括绿原酸、咖啡酸、阿魏酸、奎宁酸、柠檬酸、苹果酸等。绿原酸在咖啡的苦味、涩味、酸味方面起着举足轻重的作用。

咖啡烘焙时，温度高达200多摄氏度，咖啡生豆的上述化学物质经历高温而分解与重组，发生一系列化学反应，产生新的化合物，最终形成香气和醇味物质，赋予咖啡特殊的香气和风味。

3. 咖啡烘焙过程中发生的物理、化学变化

咖啡在烘焙的过程中，会发生一系列的物理、化学变化，最终产生香气形成丰富的风味物质，因此烘焙的过程是影响风味品质的核心环节。

（1）物理变化

咖啡豆在烘焙过程中，体积增大，质地变脆，颜色变深，水分减少，重量减轻。

（2）化学变化

在烘焙过程中，高温的环境致使咖啡豆内部发生各类化学反应，如焦糖化反应、美拉德（Maillard）反应、碳化或焦化、热分解与聚合反应等，产生近千种化学物质，最终形成特殊的风味物质。

二、烘焙的原理及设备

1. 烘焙的原理

咖啡烘焙的原理是通过热量传递使咖啡豆发生一系列物理和化学变化，生成新的化合物，进而改变其品质特征。咖啡的风味 80% 取决于烘焙，而在烘焙过程中，最主要的两个影响因素是烘焙的火源（温度）和烘焙时长。

2. 烘焙设备

咖啡烘焙机的热传递方式有热对流、热传导、热辐射。每种烘焙机都以不同的热传递组合方式对咖啡豆加热。咖啡烘焙机按照用途可分为商用烘焙机和家用烘焙机。商用烘焙机依据热量传递方式不同又分为直火式烘焙机、半热风式烘焙机、热风式烘焙机。当前市场上较为常见的是半热风式和热风式烘焙机。

三、咖啡烘焙的主要阶段

尽管烘焙机械已被广泛使用，但是烘焙咖啡的风味仍然取决于烘焙经验。咖啡师必须掌握科学、有效的烘焙过程和烘焙技能。烘焙过程大致可分为以下三个阶段。

1. 脱水阶段

烘焙初期，生豆开始吸热，内部的水分逐渐蒸发。这时，咖啡豆颜色由青色转为黄色或浅褐色，银皮开始脱落，可闻到淡淡的清香味。咖啡豆中的水分在烘焙中作用复杂，虽然这一阶段的目的在于去除水分，但由于水分可以提高热传导效率，会加速热量传递。咖啡豆含有的水分越多，脱水需要的热量就越多。在烘焙过程中，要根据生豆的物理特性控制好火候，避免水分蒸发得太快，否则会阻碍热量向咖啡豆内部传递,导致豆心不熟、咖啡豆苦涩;而水分蒸发得太慢,则会造成咖啡味道平淡。

2. 高温分解阶段

在此期间,许多复杂的热裂解、焦糖化等反应发生,咖啡豆的化学物质组成发生巨大的变化,形成许多风味物质和二氧化碳等气体,其物理结构、颜色等发生变化。当烘焙温度达到150 ℃时,咖啡豆呈古铜色,在这个阶段,糖类分解形成酸,同时释放气体,咖啡豆不断膨胀,散发出烤面包的宜人香气。当咖啡豆内部温度达到180~190 ℃时,咖啡豆内的水分会蒸发转化为气体,产生大量的气体(多为二氧化碳)及水蒸气。随着内部的压力不断增加,气体开始排出豆外,生豆由吸热转为放热,咖啡豆发生第一次爆破,即通常所说的"一爆",大约2 min后一爆结束。从一爆开始,人们熟知的咖啡香气和风味逐渐形成,咖啡师可以按计划自行选择结束烘焙。

烘焙过程中,对火力的操控至关重要,如果控制不好火力,温度上升速度减缓,可能导致失温,造成咖啡风味平淡无奇。随着温度持续升高,咖啡豆内部气压不断增大,焦糖化反应、美拉德反应不断加速,热裂解反应开始解构原有物质,产生大量的挥发性化合物。焦糖化反应使咖啡豆颜色不断加深,并制造出水果、坚果、焦糖等风味。此时,膨胀的咖啡豆表面的皱褶不断舒展,银皮脱落,并产生大量的烟。一爆结束,烘焙会进入平静期,咖啡豆由放热转为吸热,内部温度持续升高,内部气体会再次释放,进入二爆。二爆后咖啡豆体积变得更大,豆表变得更光滑,到二爆密集期咖啡油脂泛出,咖啡豆颜色也变得越来越深。此时,要保证烘焙机排烟系统畅通,并调整风门,将烟和银皮排出,如果排烟不畅或风力不够,咖啡豆会产生烟熏味,银皮阻塞还可能引发火灾。

咖啡烘焙分"法式烘焙""意式烘焙"等,指的都是烘焙到二爆密集或二爆结束,深度烘焙的咖啡豆有浓郁的香料味、烟熏风味、糖浆般的醇厚度、极少的酸,但多数咖啡豆自身的地域风味、特色风味会消失。

3. 冷却阶段

烘焙结束时豆温非常高,需要立即冷却,以迅速停止高温裂解作用,冷却速度越快,香味被"锁"住的越多。冷却既能锁住风味,又能终止咖啡豆内部的化学反应。常见的冷却方法有气冷和水冷两种。气冷是通过冷空气降温,在3~5 min内使咖啡豆降温。操作时,需在出豆前启动盛豆托盘下方的风扇,该法是目前中小型烘焙机采用最广泛的冷却方式。水冷则是在咖啡豆的表面喷一层水雾,使咖啡豆温度迅速下降。由于喷水的多少至关重要,需要精密计算与控制,而且会增加烘焙豆的重量,一般用于大型的商业烘焙。

四、咖啡烘焙程度及其特征

咖啡烘焙主要是通过热传导,促使咖啡豆内发生一系列物理、化学反应,从而产生芳香物质。不同烘焙温度和时间得到不同烘焙程度的咖啡,影响最终产品品质。烘焙程度越深,苦味越重;烘焙程度越浅,酸味越强。选择何种烘焙度主要取决于咖啡豆自身特性及所需的产品要求。在烘焙色值仪出现之前,烘焙师通过观察咖啡豆的颜色、膨胀状态及气味来决定烘焙结束的时间,因此烘焙度的界定一直没有统一的标准。直到1996年,美国精品咖啡协会与美国艾格壮公司一起发明了一套烘焙度分析仪,它利用近红外线照射烘焙咖啡豆或咖啡粉,分析其焦糖化程度,进而判定咖啡烘焙的程度。咖啡焦糖化程度越高,烘焙度越深,得到的数值越小;焦糖化程度越低,烘焙度越浅,得到的数值越大。根据颜色由浅至深,将咖啡烘焙程度划分为八个阶段。

1. 极浅烘焙

烘焙色值为95~100。极浅烘焙又称浅烘焙,是指刚进入一爆的咖啡豆,其表面呈淡淡的肉桂色且偏黄。因为烘焙程度非常浅,咖啡内部的化学反应不充分,所以苦味较低,有生豆的青味,口感酸涩,风味和口感欠佳,很少用于日常品尝。

2. 肉桂烘焙

烘焙色值为85~90。肉桂烘焙是指一爆密集期至尾期的咖啡豆,外观上呈肉桂色,突出花、水果的香甜,苦味相对较弱,酸度强,是美式咖啡常采用的。

3. 中度烘焙

烘焙色值为75~80。中度烘焙又称微中烘焙,是指一爆结束的咖啡豆,其表面呈栗色。该烘焙度容易呈现咖啡生豆的地域风味,香醇、酸味适中,香气辨别度高,如坚果香、花果香等,酸、甜、苦味平衡。

4. 深度烘焙

烘焙色值为65~70。深度烘焙属中度微深烘焙,是指一爆后、二爆前沉寂期的咖啡豆。此时咖啡豆表面呈少许浓茶色,味道更浓,酸味变弱、苦味增强,有焦糖、巧克力的香气。

5. 城市烘焙

烘焙色值为 55~60。城市烘焙属中深度烘焙，指的是达到二爆的咖啡豆，其苦味和酸味达到平衡，伴有焦糖、坚果、可可等香气，香味独特。

6. 全城市烘焙

烘焙色值为 45~50。全城市烘焙属微深度烘焙，指的是咖啡豆已进入二爆，颜色变得相当深，豆粒表面有光泽，出现少许油星，苦味强于酸味，有黑巧克力、香料的香气。

7. 法式烘焙

烘焙色值为 35~40。法式烘焙属深度烘焙，是指二爆密集期至尾期的咖啡豆，其表面出现明显的油脂，颜色呈浓茶色带黑，酸味几乎消失，苦味强，回甘持久，带有树脂、香料炭烧等气味。

8. 意式烘焙

烘焙色值为 25~30。意式烘焙是最深程度的烘焙，是指二爆结束的咖啡豆。豆粒乌黑透亮，表面油脂非常多，有焦味和烟熏味，苦味强烈。

五、咖啡烘焙工艺要点

咖啡豆的烘焙程度直接决定了咖啡豆香气和风味的优劣。烘焙不好的咖啡，即使咖啡生豆品种优良、前处理出色，也无法获得优质的咖啡熟豆，更做不出好喝的咖啡。因此，掌握咖啡烘焙的要点对确保咖啡豆品质、实现理想的烘焙效果至关重要。以下是咖啡烘焙的一般工艺要点。

1. 准备

在烘焙前需要选择适合的烘焙机，了解其最佳载量。收集并掌握待烘焙咖啡生豆的信息，依据烘焙目的制订烘焙计划。

2. 烘焙机预热

提前将烘焙机预热至适宜的温度，预热有助于确保烘焙过程中温度的稳定性。

3. 控制烘焙时间与温度

烘焙过程中，时刻关注烘焙时间与温度的变化，烘焙时间与温度是决定咖啡豆风味和口感的关键，不同品种、不同产地的咖啡豆，以及不同加工处理方法，对烘焙时间及温度的要求也不同。

4. 调整烘焙参数

在烘焙过程中，要密切观察咖啡豆的颜色变化、烟雾产生情况，以及咖啡散发出来的香气，据此适时调整烘焙火力、风门等参数，并判断烘焙进度，实现理想的烘焙效果。

5. 冷却

烘焙结束后，需要及时将咖啡豆放入冷却盘中，此时咖啡豆仍有余热起烘焙作用，因此需根据烘焙度及冷却时间来判断烘焙何时终止。

6. 包装与储存

刚烘焙好的咖啡豆会持续释放二氧化碳气体，而且空气中的水分和氧气会加速咖啡豆氧化，使咖啡品质变差。因此，咖啡烘焙完成后要尽快用带排气阀的包装袋包装好，以保持新鲜，防止香气散失。将包装好的咖啡存放在阴凉、干燥、通风的环境中，并定期进行品质检查，确保咖啡豆的质量。

课程 2

咖啡研磨

一、咖啡研磨概述

在冲泡之前,要将咖啡豆研磨成粉,增加水与咖啡的接触面积,这样才能将咖啡的美味萃取出来。研磨是指将烘焙后的咖啡豆粉碎成粉的过程。研磨咖啡豆的工具叫磨豆机。在磨豆机发明之前,人类使用石制的杵和研钵捣碎咖啡豆。

咖啡研磨最理想的时间是在冲煮之前。因为咖啡粉与空气的接触面积大,容易氧化降解、散失香味,尤其在没有妥善的储存条件时,还容易变味,致使无法冲泡出香醇的咖啡。随着人们饮用咖啡品位的提高,越来越多的人倾向于在家里现磨现煮。如果购买已磨好的咖啡粉,要特别注意储存的问题。气候潮湿时,咖啡粉开封后建议尽快用完,不要在室温下敞开放置,应置于密封罐子或袋子里,避免阳光照晒,放置阴凉处或放入冰箱冷藏,且勿与大蒜、鱼虾等味道重的食物同放,因为咖啡粉很容易吸味,会给咖啡带来异味。冲泡过的咖啡粉渣可放在冰箱里当除臭剂,也可放在烟灰缸里吸收异味。

咖啡粉的质量对冲煮过程影响重大。研磨度要与冲煮方法相匹配,这对于从咖啡豆中提炼出最佳风味很关键。因为咖啡粉中水溶性物质的萃取有理想时间,如果粉磨得很细且冲煮时间太长,会造成过度萃取,咖啡可能非常浓苦而失去芳香,会有太苦、硬涩、"煮过了头"的味道;反之,粉磨得很粗且冲煮时间太短,会导致萃取不足,咖啡粉中水溶性物质不能有效溶解,咖啡就会淡而无味。

一般而言,冲煮的时间越短,研磨的粉就要越细;冲煮的时间越长,研磨的粉就要越粗。实际操作中,意式浓缩咖啡制作所需的时间很短,因此粉磨得最细,颗粒介于面粉和食盐颗粒之间;用虹吸壶冲煮咖啡,大约需要一分钟时间,咖啡粉要研磨至中等粗细;美式滤滴咖啡制作时间较长,因此咖啡粉相对较粗。

二、咖啡研磨的原则

一般而言,好的研磨方法应包含以下4个基本原则:选择适合冲泡方法的研磨度;要控制研磨导致的升温;研磨后的粉粒要均匀;冲煮之前才研磨。

不论使用何种研磨机,研磨时一定会产生热量。咖啡的风味物质大多具有高度挥发性,研磨产生的热量会增加风味物质的挥发速度,使咖啡的香醇散失。咖啡豆在研磨之后,细胞壁完全崩解,与空气接触的面积增大,氧化变质速度加快,0.5~2 min 就会丧失风味。因此,建议最好在饮用前研磨咖啡豆,磨好后则应尽快冲泡。

三、咖啡研磨度

咖啡粉根据其颗粒的大小主要分为粗研磨、中研磨与细研磨3种,还有比细研磨更细的极细研磨。

1. 颗粒的粗细与用途

(1)粗研磨(coarse grind):颗粒大小似粗砂糖。适用于法式滤压壶、绒布过滤网、烧煮等冲泡方式。

(2)中研磨(medium grind):颗粒大小介于粗砂糖和细砂糖之间。适用于绒布过滤网或纸过滤袋等冲泡方式。

(3)细研磨(fine grind):颗粒大小如细砂糖。适用于纸过滤袋或虹吸壶等冲泡方式。

(4)极细研磨(finest grind):颗粒大小如面粉。适用于意式咖啡或土耳其咖啡。

2. 研磨要点

颗粒大小需均匀,以保证均匀地提取咖啡;研磨时温度不可过高,以保持咖啡香气;咖啡粉的粗细要适合咖啡的冲煮方式,以最大限度地提取咖啡的香味物质。

3. 咖啡豆研磨粗细对咖啡的影响

新鲜度和咖啡豆研磨的粗细度直接影响到咖啡风味的优劣及浓淡。原则上萃取时间越长，豆就要磨得越粗；萃取时间越短，豆就要磨得越细，以免萃取不足。例如，法式滤压壶的萃取时间为 3~4 min，宜采用粗研磨；家用手按式磨豆机按下 7~10 s 即可松手，如果磨得太细，容易喝到咖啡渣并有焦苦味。手冲或虹吸壶冲煮，因为萃取时间比较短（1~2 min），咖啡豆就要磨得比法式滤压壶所用咖啡粉细一点（10~15 s）。

四、咖啡研磨工艺

咖啡豆的磨制有三种方法："研磨""打磨"和"臼磨"。

"研磨"是用两个转动的部件挤压和粉碎咖啡豆。研磨部件可为圆盘形或圆锥形。在研磨的机械中，锥式机械的噪声小，阻塞概率也较小。研磨的方法产出的咖啡粉颗粒比较均匀，在冲泡时出味也较为一致。锥形磨盘的设计降低了所需转速，一般低于 500 r/min。研磨的速度越慢，摩擦产生的热量越少，咖啡的香气越不易流失。通过调节研磨的参数，锥式研磨机可以胜任各种不同颗粒大小的咖啡的制备。较好的机器甚至可以磨制土耳其咖啡所需的超细粉末。盘式研磨机一般转速要高一些，产生热量较多，但它的功能广泛、经济实用，能够满足多数家用咖啡的制作需求。

"打磨"：多数现代化刀片式打磨机以 20 000~30 000 r/min 的高速把咖啡豆切成碎末（有人甚至用打浆机）。这类机械的耗件寿命要长一些，但由于打磨中积聚热量，制成的咖啡碎末大小不均，难以制出优质的饮品，而且产生的尘粉会堵塞机器滤网。这类打磨机理论上只能用于滴漏式咖啡壶。

"臼磨"：是在没有好的研磨设备时，使用捣杵和臼钵进行磨粉操作。

课程 3 咖啡萃取

咖啡研磨成粉，再与水接触，便可以进行"萃取"。萃取物就是水从咖啡粉中溶解出的部分可溶性物质。

一、咖啡萃取概述

咖啡豆的内部含有2 000种以上的物质，至今科学家能够了解的只有800种左右，它们还会发生微妙的变化。冲泡咖啡并非要将这些物质全部萃取出来，因为有些物质口感苦涩，并不受人们喜爱，人们更喜欢咖啡中的甜味、醇味、酸味和香味。掌握好其中的度是成为"咖啡艺术家"的关键。咖啡豆的新鲜度、研磨的均匀度、冲泡的时间与水（水质、水温等）都会影响一杯咖啡的口味。

二、咖啡萃取技术

在化学中，萃取指的是从原料里提取有价值的物质。于咖啡萃取而言，就是使用水把风味物质从咖啡粉里提取出来，提取出的物质对咖啡的风味和香气有直接的影响。咖啡中含有咖啡因（苦味）、酸（其中一些产生酸味或甜味）、脂质（黏度）、糖（甜味、黏度）、碳水化合物（黏度、苦味）、水溶性化合物和其他化合物。

1. 咖啡萃取原理

咖啡萃取有两大原理，即扩散和冲蚀。扩散发生在咖啡接触水的一瞬间，此时咖啡粉中可溶物质从浓度高的区域转移到浓度低的区域。冲蚀发生在压力环境下，水在压力下过滤咖啡粉，纤维、蛋白质等非可溶物质会被萃取出来，增加咖啡厚重的口感。影响咖啡萃取过程的核心因素包括：

（1）咖啡烘焙的程度。

（2）咖啡豆的研磨程度，决定咖啡粉与水接触的表面积。

（3）咖啡粉充分浸泡在水溶液中，咖啡精华溶解。

（4）将咖啡浸出液与咖啡渣分离，属于物理的范畴，这个过程基本没有化学变化。

2. 咖啡萃取方法

虽然咖啡萃取的核心过程相同，但根据萃取咖啡时所使用的压力以及萃取时间的显著区别，现代咖啡萃取方法可以简单地分为高压快速萃取和浸泡萃取两种。

（1）高压快速萃取

高压快速萃取的典型代表为意式浓缩咖啡（Espresso）的萃取方法，在萃取压强为 0.9 MPa、92 ℃的水温下，20~30 s 的时间萃取出约 30 mL 咖啡液。萃取出的咖啡表面覆盖了一层红棕色泡沫。由于需要稳定的压力和水温，在自然条件下不能做到，必须要用意式半自动咖啡机、全自动咖啡机制作，一杯好的 Espresso 对咖啡机、研磨机在质量上都有较高的要求。

（2）浸泡萃取

浸泡萃取是一种比较传统、自然、简单的咖啡萃取方式。萃取温度一般以 85~92 ℃为宜，过滤压强在一个大气压左右。可细分为：压滤——使用人为压力过滤咖啡，设备包括法式压滤咖啡杯和爱乐压；虹吸——利用水蒸气冷却所造成的压力差来过滤咖啡，设备包括虹吸式咖啡壶、比利时咖啡壶；滴滤——利用自然重力滴落过滤咖啡，设备包括手冲滤泡组件、美式电动滴滤咖啡壶、越南滴滤咖啡壶、冰滴咖啡壶等；蒸气加压——利用蒸气加压的方式来萃取咖啡，设备主要为意大利摩卡壶，萃取过程类似意式浓缩咖啡，但摩卡壶的压强为 2~3 个大气压，萃取出的油脂比浓缩咖啡少很多，压力和最终的咖啡萃取时间与虹吸式咖啡壶差不多，依据性能指标摩卡壶被归为自然传统的浸泡萃取工具。

3. 咖啡萃取主要参数

（1）咖啡萃取率

咖啡的萃取率是指从咖啡粉萃取出的可溶滋味物质质量占使用咖啡粉总质量的百分比。咖啡可萃取溶出物最大约为 30%，即有 70% 木质纤维等不可溶物质，也就是说 10 g 咖啡粉最多有 3 g 咖啡溶出萃取物。一杯美味咖啡的最佳萃取率为 18%~22%。小于 18% 为萃取不足,咖啡风味呈现不完整;大于 22% 则为过度萃取,咖啡会呈现出苦杂涩等不好味道。咖啡萃取率计算公式如下:

$$萃取率 = \frac{萃取滋味物质质量(g)}{咖啡粉的质量(g)} \times 100\%$$

要获得咖啡的最佳口感,需要准确地提取其中有益的物质。如果萃取的咖啡味道不好,要通过味道变化来寻找原因。喝起来太酸,味道淡薄,香气不足,可能为萃取不足,可尝试延长萃取时间或采用更细的研磨度;喝起来太苦,有锁喉感,可能为过度萃取,尝试采用更粗的研磨度或缩短萃取时间。

(2) 咖啡的浓度

从咖啡里萃取出来的可溶性滋味物质,必须与适量的水混合稀释,才能冲泡出浓淡适口的美味咖啡。前面提到咖啡最佳萃取率为 18%~22%,这些萃取物将溶于多少热水中,便是咖啡浓度。咖啡浓度的定义是:咖啡液可溶滋味物质质量与咖啡液质量的百分比。咖啡浓度越高,表示水中含有的溶解物越多。同样质量的滋味物质,混合的水量越多,咖啡液的滋味强度越弱,即浓度越低;反之,混合的水量越少,咖啡液的滋味强度越强,即浓度越高。计算公式如下:

$$浓度 = \frac{萃取滋味物质质量(g)}{咖啡液质量(g)} \times 100\%$$

咖啡浓度太高,一般人会觉得咖啡难以下咽;浓度太低,会感觉水感太重,没有咖啡味。日常接触到的咖啡浓度平均值为 1.0%~1.5%,小于 1.0% 寡淡无味;如果咖啡浓度在 1.5% 以上,则太浓厚,有不好的口感。美式咖啡就是浓度比较淡的咖啡,其浓度为 1.2%~1.3%。

4. 咖啡萃取率与浓度的关系

在咖啡豆新鲜的前提下,咖啡的萃取率与浓度是决定一杯咖啡是否美味的关键因素。制作咖啡时,如果用细度研磨的咖啡粉长时间高温冲煮萃取,会导致口感粗糙、焦苦;反之,如果用粗度研磨的咖啡粉短时间冲煮萃取,会导致咖啡味太淡。只有两者处于特定的区间,咖啡的口感才会顺滑,美味。精品咖啡协会定义的金杯咖啡比例是:咖啡的萃取率控制在 18%~22%,浓度控制在 1.15%~1.45%。实际操作中,可用咖啡浓度检测仪器检测咖啡浓度值,同时计算出萃取率,对照是否在上述范围内。学会萃取率的计算,有利于设计冲煮方案,调整制作方法,并能制作出均衡美味的纯咖啡。

下面介绍咖啡萃取率的计算方法:咖啡粉和咖啡液的重量都用电子秤称量,

用咖啡浓度检测仪检测咖啡浓度。

【例】用 20 g 的咖啡粉，冲煮出 300 g 的咖啡液，咖啡浓度为 1.3%，求咖啡的萃取率。

根据公式计算：

萃取滋味物质质量 =300 g × 1.3%=3.9（g）

萃取率 =3.9（g）/20（g）× 100%=19.5%

咖啡的萃取率为 19.5%，在 18%~22% 的范围，符合要求。

三、咖啡萃取工艺

萃取是利用不同物质在同一溶剂中溶解度的差别，使混合物中各组分得到部分或全部分离的过程。咖啡豆的新鲜度、研磨的均匀度、冲煮的时间与水（水质、水温、水量）都会影响咖啡的口味。冲煮的艺术在于寻求最适宜的条件，获取芳香与苦涩之间的最佳平衡点，将咖啡内部的可溶物质萃取出来。据专家试验，1 L 水（约 4 杯）冲泡 50~70 g 咖啡粉最恰当，所冲泡出来的咖啡液应包含 98.4%~98.7% 的水与 1.3%~1.6% 的可溶物质，这样才能算是一杯好喝的咖啡。

速溶咖啡的萃取略有不同，萃取使用的设备叫浸器组，它由 6~8 个提取罐通过管道互相连接，并可交替组成一个操作单元，在一个操作单元内完成以下几个过程。

1. 烘焙磨碎咖啡的湿润。

2. 可溶物的溶出。

3. 不溶性的碳水化合物受高热水解而部分转化溶出。

4. 咖啡颗粒组成的滤层起过滤作用，除去对喷干操作和产品的储存有不良影响的蜡质和脂肪。萃取周期内，咖啡与水的比例因不同咖啡原料、浸器组的设计和要求浸出率不同而有差异。

课程 4

速溶咖啡生产与质量评价

自20世纪初速溶咖啡进入日常消费领域，因其可直接用热水或冷水溶解且无沉淀物，具有加工后保存时间较长，方便、卫生、质量一致等特点，成为许多国家咖啡消费的主流产品之一。尽管速溶咖啡方便饮用，但在高温干燥时香味损失较大。随着消费者对咖啡品质的追求，冷萃冻干咖啡应运而生，这种形式的咖啡更好地保留了咖啡风味，制作方便，即冲即饮，弥补了速溶咖啡的不足，被广泛应用于饮料、冷饮、糖果等的制作。

一、速溶咖啡生产过程及工艺要点

速溶咖啡在改革开放以后进入中国市场，并得到了快速的发展和普及。速溶咖啡使用方便，打破了常规现冲咖啡的束缚，因而被消费者广泛接受。速溶咖啡的用途很广，除供个人自行冲泡以外，在食品加工业中可以制成咖啡饮料、三合一咖啡粉和各种咖啡口味的食品，如糖果、调味乳、布丁、果冻、冰品及烘焙食品等，是重要的食品原料之一。市场上的速溶咖啡种类繁多，但其营养成分基本相同。

1. 速溶咖啡生产过程

速溶咖啡又称即溶咖啡，是指从烘焙的咖啡豆中提取有效成分后经过干燥而成的粉末。速溶咖啡可直接用水冲调制成咖啡饮料。其生产流程一般为：预处理→烘焙→磨碎→萃取→浓缩→干燥。

（1）原料选择

由于成本因素，速溶咖啡通常会选择一定比例的罗巴斯塔种咖啡即中粒种咖啡与小粒种咖啡混合制作，中粒种咖啡产地多在越南、中国的海南、巴西以及非洲的一些国家。

（2）研磨、煮

与现磨咖啡一样，速溶咖啡也要研磨和煮，这个过程一般在工厂进行。

（3）喷雾干燥

萃取的咖啡液经高速喷嘴喷出，在高温的空气中将多余的水分蒸发，随后干燥的咖啡粉经过冷却系统冷却成粉末，从而生产出无渣的咖啡。

（4）保存

速溶咖啡粉的保质期为2~3年，在储存的过程中容易返潮结块，因此一定要密封并置于阴凉干燥处，并定期检查储存情况，做好记录。

2. 速溶咖啡生产工艺要点

（1）生咖啡豆预处理

首先对原料进行精选，即咖啡豆豆味新鲜、色泽明亮、颗粒完整、均匀，碎豆及杂物质少、无霉点，同时对原料豆进行筛选清洗。为了保证质量，可以采用振动筛风压输送或真空输送等方式进行分离清洗。

（2）烘焙要求

烘焙是决定速溶咖啡风味和质量的重要工序，一般使用转筒式烘焙炉，烘焙温度和时间是关键控制因素。烘焙时，火力控制应该由大到小，一般最高温度不超过230 ℃，此温度能保证较好的芳香味并在萃取时获得较适宜的口味。当咖啡豆达到所要求烘焙的程度时，停止加热，并及时放入冷却盘进行冷却，多数烘焙机都是采用风冷的方式，部分大型商业设备也会有水冷模式，水冷就是在咖啡豆表面喷一层水雾，使温度迅速下降。不管使用哪种方式冷却都是为了迅速降温，锁住风味。通常中粒种的颜色会烘得比小粒种要深。

（3）研磨

烘焙好的咖啡豆最好先存放一天。让咖啡豆在烘焙过程中所产生的二氧化碳和其他气体进一步挥发释放，同时也充分吸收空气中的水分，俗称"养豆"，从而有利于萃取。研磨通常使用滚筒式研磨机，研磨颗粒的大小与所用的浸提设备以及所采用的溶剂比例有关，咖啡研磨得很细，以少量的水就可以实现高效率的浸提，但会使后续过滤产生困难；如果磨得较粗，易过滤但难浸提，若想得到同样的效果则需要大流量的水、较高的温度和较大的压力。研磨后咖的颗粒平均直径约为 1.5 mm。

（4）萃取

萃取是生产速溶咖啡过程最复杂的核心部分，温度和压力是萃取过程中的两个关键参数，其中温度起决定性作用。焙炒咖啡粉中的可溶物约占 25%，在常压和 100 ℃下萃取率可达 30%。当温度达到 180 ℃时，可以使一些高分子的碳水化合物提取出来，从而使萃取率提高 10%~20%，这些高分子碳水化合物有利于芳香成分的结合，起到调整风味的作用；但温度高于 190 ℃时，提取物中会有不良风味物质。压力的设定通过萃取罐间顺序压力梯度来实现，一般为 0.3 MPa、0.6 MPa、0.9 MPa、1.2 MPa、1.5 MPa。萃取时间和萃取率与产品质量有关，可以在适当的范围内升高温度、增大压力，缩短萃取时间，加快速度，减少不良的萃取物，保证产品质量。萃取率越高，对产量越有利，但对质量而言，则不能要求太高。

（5）浓缩

一般分为真空浓缩、离心浓缩和冷冻浓缩。真空浓缩通过真空降低水的沸点，真空度达 0.09 MPa 以上，此时水的沸点仅 50 ℃左右，促使加速浓缩，浓缩液的浓度一般不超过 60%（折光度计）。因为从蒸发塔出来的浓缩液温度高于常温，所以必须经过冷却再送入储罐，从而减少芳香物的损失。离心浓缩是利用咖啡冲煮时固、液比重不同而具有的不同的离心力进行浓缩，这种方式实际使用不多。冷冻浓缩是利用稀溶液与水在冰点以下固液相平衡关系来实现的，将水分子凝固成冰晶体，用机械手段将冰去除，从而减少了溶液中的溶剂水，提高浓度，使咖啡得到浓缩。

（6）干燥

速溶咖啡的干燥技术主要有两种：喷雾干燥和冷冻干燥（详见本课程标题四"速溶咖啡干燥"）。

二、咖啡浓缩

炒磨咖啡虽能较好地体现咖啡自然品味，但在饮用时需煮滤或冲滤，饮用不便。而速溶咖啡虽饮用方便，但因生产中高温喷雾干燥，香味损失较大，而咖啡浓缩液正好弥补了上述不足，即冲即饮，又能保留咖啡的原有风味，且应用领域较为广泛，可用于饮料、糖果等行业。

1. 咖啡浓缩液的原料与设备

（1）咖啡浓缩液的原料要求

1）咖啡原料豆：应无黑豆，无霉豆，无发泡白豆和极碎豆，水分＜13%；

2）添加剂：应符合食品安全国家标准。

（2）主要生产设备

咖啡浓缩主要生产设备包括：烘焙机、除银皮机、磨碎机、抽提罐、离心机、沉降池（自制）、板框式过滤机、调配罐、真空浓缩锅、高压均质机、反应釜、液体灌装机、电磁感应封口机、自动锁盖机、水浴式杀菌槽（自制）、工业锅炉。

2. 咖啡浓缩液的生产工艺

咖啡浓缩液的生产原料调配：1 000 kg 烘焙咖啡粉、30 kg β-环状糊精、0.8 kg 焦磷酸钠、1 kg 黄原胶、1.2 kg 蔗糖脂肪酸酯［亲水亲油平衡值（HLB）为 10］、1 kg 山梨酸钾。咖啡浓缩液工艺如下：

（1）烘焙

在滚筒式的烘焙机中进行，控制烘焙温度在 200~230 ℃ 的范围内，以每炉 50 kg 烘焙量计，时间为 20~30 min，烘焙豆的色值达中度烘焙即可。滚筒的转速控制在 60 r/min 以下，否则会使部分豆破碎，造成部分焦化，影响整体质量。

（2）除银皮

在带有风力反抽系统的转盘上运作，目的是散除余热，使烘焙咖啡豆尽快降温，减少芳香物质的损失；同时抽走除净咖啡豆表层已脱落的银皮，减少最终产品的苦涩味。

（3）磨碎

将烘焙好的咖啡豆进行研磨，为满足下一步过滤工序的粒度要求，一般控制在 30~40 目。

（4）抽提

咖啡液的抽提方式有滴淋式、喷射式、虹吸式、煮出式等几种。根据设备的实际情况，采用煮出式来抽提咖啡液。因咖啡香气是易于挥发的，故抽提设备必须是密闭容器。一般在带搅拌系统的抽提罐中进行，为抽提彻底，采取二次抽提。第一次抽提时在抽提罐中先加入相当于咖啡粉重 15 倍的 90~100 ℃ 热水，把 β-环状糊精用热水溶解后加入罐中，同时投入咖啡粉，在搅拌器（转速 35 r/min）作用下抽提 20 min，随后将含有渣的料液放入离心机，把离心出的咖啡渣第二次投入罐中,加入相当于咖啡粉重8倍的上述温度的热水中,同时加入焦磷酸钠溶解液,在抽提罐搅拌器的作用下抽提10 min,然后再将料液放入离心机。

(5)料液分离

采用三足离心机处理,为保证产品得率和质量,选用120~150目的脱色滤布。

(6)沉降

使咖啡液在沉降池中自然沉降30 min,通过自吸泵取走上清液,把底部非溶性的大分子物质除去。

(7)过滤

用板框式过滤机处理,滤材用600目的脱色尼龙布,过滤压强为0.2 MPa,用恒定流速保证过滤质量的一致性。

(8)调配

在调配罐中进行。先把蔗糖脂肪酸酯和黄原胶分别用热水浸泡,初步搅拌进行溶解,再放入容器中强烈振荡后完全溶解,按先蔗糖脂肪酸酯后黄原胶的顺序依次加入调配罐的咖啡液之中,并迅速搅拌混匀。

(9)真空浓缩

在升膜式浓缩锅中进行。为减少芳香物质的挥发,一般工作条件选择为真空度0.068 MPa,浓缩料液温度50 ℃,浓缩时间以咖啡浓缩液的波美度达19°Bé为止。

(10)高压均质

进行两段均质处理,目的是使咖啡粉中高达10%的脂肪能与水相互包容,同时高压的作用能切断浓缩液中长链分子,使最终产品无悬浊状况出现。工作参数:第一段均质压力17 MPa,第二段均质压力8 MPa。

(11)灭菌

把经过高压均质处理的咖啡浓缩液送入反应釜中,把溶解好的山梨酸钾加入,同时开动搅拌器和通入蒸汽,加热升温使咖啡浓缩汁的中心温度达到85 ℃,维持2 min,即可放出浓缩液进入料位罐中待装。

(12)灌装

用能满足高黏度充填的全自动液体灌机进行定量充填灌装,灌装时预留顶隙不少于3 cm。包装容器可选用食品级的BOP/PET、PVC或其他异型塑料桶,以及马口铁罐桶,经水洗后,风干使用。

(13) 封口锁盖

用电磁感应封口机把 200 μm 厚的复合铝箔热封于瓶、罐、桶口上(均为缩颈口),达到良好的密封性能要求,使内容物满足保质期的技术要求。同时用全自动锁盖机把各容器的各种不同规格及形状的盖子锁紧在对应的容器口上。

(14) 二次灭菌

为取得良好的储存效果和稳定产品质量,需进行第二次灭菌处理,采用巴氏灭菌法,在水浴槽或罐中进行,在 85 ℃的水温中浸泡 25 min 即可。

(15) 冷却

通常使用水淋式冷却,目的是使包装容器顶隙的水蒸气变为冷凝水,形成真空状况,减少嗜氧菌类对产品质量的影响。

(16) 成品

擦净容器表面的水分入库即为最终产品。

3. 咖啡浓缩液质量指标

(1) 感官指标见表 6-1。

表 6-1 咖啡浓缩液感官指标

项目	标准
色泽	呈深棕褐色,颜色均匀且有光泽
滋味和气味	风味醇正,具有咖啡应有的气味,无任何异杂味;冲调后口感丰满,主体香突出,复合味协调、圆润
组织形态	组织细腻,质地均匀,黏度正常,无脂肪上浮和分层;允许有少许沉淀,但摇动后能迅速复溶;冲调后汤色清澈而无悬浊状态

(2) 理化指标见表 6-2。

表 6-2 咖啡浓缩液理化指标

项目	标准
可溶性固形物(以折光计法,20 ℃)/%	≥ 34
咖啡因(%)	≥ 1
铅(mg/kg)	≤ 1.0
砷(mg/kg)	≤ 0.5
铜(mg/kg)	≤ 0.5

（3）微生物指标见表6-3。

表6-3 咖啡浓缩液微生物指标

项目	标准
菌落总数（CFU/g）	≤1 000
大肠菌群（MPN/100 g）	≤40
致病菌	不得检出

三、速溶咖啡干燥

干燥是速溶咖啡粉的成形过程，对咖啡粉质量影响最大。速溶咖啡的干燥技术主要有两种：喷雾干燥和冷冻干燥。

1. 喷雾干燥

喷雾干燥的成本较低且对设备要求不高，被广泛用于工厂生产。喷雾干燥时，咖啡浓缩液与其他添加物经过混合，形成咖啡液（混合液），再通过压力泵直接进入干燥塔顶的喷嘴，咖啡液在喷嘴中被雾化，在与热空气的接触中，水分被带走，咖啡液脱水形成中空球形颗粒，即咖啡粉。

其主要工艺如下：首先将咖啡浓缩液与芳香液经过调配成为咖啡液（混合液），咖啡液通过压力泵直接输送到塔顶的喷嘴。干燥塔的进口温度控制在250~270 ℃，出口温度控制在110~130 ℃，调整喷嘴与喷雾压力，使产出的咖啡粉呈厚壁的中空球形颗粒，密度控制在220~250 g/L，水分含量约为3%。

在喷雾干燥中要注意咖啡液的浓度，溶液浓度越高，黏度越大，表面张力也越大，这有利于厚壁中空颗粒的形成，同时可减少各运行参数及温度、压力等调节的幅度。但并非浓度越高越好，太高的浓度会导致雾化度太低，造成雾化不良，因此咖啡液（混合液）的浓度应控制在30%~40%。

2. 冷冻干燥

冷冻干燥是指将液态物料冻结为固态，再进行升华脱水。近年来，真空冷冻干燥技术被广泛利用，具有无添加、清洁无污染等特点。咖啡冷冻干燥原理与上述冷冻干燥技术相似，是将冷冻为固态的咖啡液置于真空状态下，加速水分升华，最终达到脱水干燥的目的。冻干咖啡较好地保留了咖啡原有风味，由于具有疏松多孔的内部结构，溶解速度快，是方便计量的"速溶咖啡"，可以轻松控制所得饮料的浓度。

真空冷冻干燥主要步骤包括：咖啡液萃取→冷结→真空干燥。其优化后的制备工艺条件为：浸提温度 90 ℃，浸提时间 12 min，料液比为 1∶15，提取液浓缩至 65% 的浓度，分装后置于冷冻干燥机中于 –36 ℃以下真空干燥 20 h 以上。制得的冻干片表面光滑，片型完整，风味醇正，为居家、旅行、办公及取热水不便者饮用提供了方便，具有广阔的市场前景。

课程 5 咖啡产品与加工利用

咖啡产品加工是以咖啡植物性产品为原料,进行添加、配制等的食品加工活动。咖啡中富含蛋白质、脂肪、糖、咖啡因、绿原酸、葫芦巴碱、芳香物质及天然解毒物等成分,具有提神、利尿、健胃、抗衰老、抗氧化、降脂等作用,能预防 2 型糖尿病、帕金森病、肝硬化与肝癌。咖啡被广泛应用于食品开发,目前以咖啡为原料的食品多达上千种,这些食品因便捷和营养丰富而深受消费者喜爱。随着全球咖啡需求与消费量的逐步增长,必然带动咖啡种植、加工与贸易的发展。为了提高咖啡产业效益,充分发挥咖啡的价值,世界各咖啡生产国都对咖啡进行了开发研究和利用。

一、混合型速溶咖啡的常规调配

在常规三合一速溶咖啡中,咖啡纯粉所占比例为 5%~20%,平均约为 8%;植脂末所占比例为 20%~60%,平均约为 35%;砂糖占 30%~70%,平均约为 50%。每杯三合一速溶咖啡纯重通常为 10 g、13 g、15 g,每杯冲泡用水为 100~150 mL。配方举例:

1. 速溶咖啡粉 2 g,糖 9 g,植脂末 4 g,合计 15 g。
2. 速溶咖啡粉 1 g,糖 7 g,植脂末 2 g,合计 10 g。
3. 速溶咖啡粉 1.5 g,植脂末 4.3 g,糖 4.2 g,合计 10 g。
4. 速溶咖啡粉 1.8 g,植脂末 3 g,糖 8.2 g,合计 13 g。
5. 速溶咖啡粉 1.8 g,植脂末 3.2 g,糖 8 g,合计 13 g。

二、常见咖啡饮品制作

1. 意式浓缩咖啡

意式浓缩咖啡（Espresso）用 92~96 ℃的高压水流通过研磨很细且紧实的咖啡粉制作而成。意式浓缩咖啡有一层细腻的油脂，味道酸、香、苦、甘、醇，且整体较为平衡。它起源于意大利，从 20 世纪 80 年代开始在全球流行。意式咖啡是很多花式咖啡的基底，被称为花式咖啡的灵魂，常被用于制作美式咖啡、拿铁咖啡、卡布奇诺、摩卡咖啡等。

意式浓缩咖啡机的萃取黄金法则：使用单份（7~9 g）或双份的细研磨咖啡粉，水用 92~96 ℃的热水，在 0.9 MPa 的压强下，用 25~30 s 的时间，萃取 25~35 mL 的咖啡浓缩液。因为使用不同的咖啡豆，所以参数也会根据情况而有所调整。使用意式浓缩咖啡机萃取出的浓缩咖啡味道强烈、醇厚、平衡，风味丰富，不会是无法忍受的苦。

2. 胶囊咖啡

将一颗咖啡胶囊放入胶囊咖啡机，即制作成一杯浓缩咖啡，可随意制作成各式意式咖啡。咖啡好坏的关键是新鲜，研磨的咖啡粉仅保持数小时新鲜度，咖啡胶囊是用优质精选咖啡豆烘焙磨粉后即刻灌装，每颗胶囊可制作出新鲜烘焙口味的咖啡。咖啡胶囊采用太空舱技术铝箔无氧密封，可使灌装的新鲜咖啡粉在两年内保持质量稳定。

由生产厂商专业调配烘焙后形成不同口味，消费者可依据自己的喜好选择。由于胶囊咖啡是生产线自动烘焙、研磨、填粉制作的，而萃取时也能极其标准化地控温、控压、控水，一键式开机出杯，把可变因素降至最低。所以，胶囊咖啡堪称质量表现最稳定的咖啡。

3. 爱乐压与氮气咖啡

（1）爱乐压制作咖啡

爱乐压是一种近年来流行起来的手工冲煮咖啡器具。总的来说，它的结构类似于一个注射器。使用时，在其"针筒"内放入研磨好的咖啡和热水，然后压下推杆，咖啡就会透过滤纸流入容器内。爱乐压冲煮出来的咖啡，兼具意式咖啡的浓郁、滤泡咖啡的纯净及法压的良好口感。通过改变咖啡研磨颗粒的大小和按压速度，用户可以按自己的喜好冲煮不同的风味。

（2）氮气咖啡（The Nitrous Coffee）

氮气咖啡是咖啡界的超新星，与冰滴咖啡和冷萃咖啡不同，它是在冰滴/冷萃咖啡的基础上添加了氮气，增加了丝滑柔顺的绵密口感，比冷萃咖啡喝起来更清爽。氮气咖啡口感清爽丝滑，泡沫感强，是饮用冰咖啡的一种创新方式，不需要添加任何的奶或者糖。

4. 手冲滴滤咖啡

手冲咖啡是精品咖啡时代最流行的咖啡冲泡方式之一，也是风靡全球的冲泡咖啡方式。使用的器具有滤杯、分享壶、手冲壶等。手冲滴滤咖啡的口感可塑性较强，可根据水温、流速、冲泡时长、冲泡手法、水质和咖啡的种类不同而千变万化，比较干净、顺滑有层次感，甜感足，能较好地诠释咖啡味谱。

5. 冰滴咖啡

冰滴咖啡（the cold drip brewing）利用冰块融化一点一滴萃取而成的咖啡。咖啡粉充分低温浸透湿润，萃取出的咖啡口感香浓、滑顺、浑厚；所呈现的风味更是出众。通过调节水滴速度，使用冷水慢慢滴漏，在 5 ℃低温下，长时间滴漏，让咖啡原味自然重现。萃取出的咖啡，依咖啡烘焙程度、水量、水温、水滴速度、咖啡研磨粗细等因素呈现不同的风味。

6. 虹吸壶制作咖啡

虹吸壶也称吸壶，俗称塞风壶，因观赏性十足且容易操作，是咖啡馆比较普及的咖啡冲煮法之一。虹吸壶制作咖啡是利用水加热后产生水蒸气，上下壶形成气压差，从而将下壶的热水吸至上壶，再蒸煮 1 分钟左右，将下壶的加热源关闭，用湿毛巾擦拭下壶或待下壶冷却后，咖啡就被过滤到下壶中。相较于手冲，虹吸壶制作的咖啡更醇厚，品质较为稳定。

7. 摩卡壶制作咖啡

传统的摩卡壶是铝制的，不能在电磁炉具上加热，后来出现了像电水壶一样的电加热摩卡壶。摩卡壶制作咖啡的主要原理是：存水的下座加热后转换成蒸气产生压力，带动水滤过装咖啡粉的粉槽，萃取出咖啡液，咖啡液又因压力被"顶"至上座，进而存放在上座。用摩卡壶萃取出来的咖啡口感浓烈、酸苦兼备，具有油脂层。因其使用方便，目前成为家庭制作意式浓缩咖啡的器具。

8. 法压壶制作咖啡

法压壶起源于法国，是最简单实用的咖啡入门冲泡器具，属于浸泡式的咖啡冲泡方式，法压壶也可以用来泡茶、冲泡果皮茶和打奶泡。其原理是通过浸泡咖啡的方式，再以带压杆的金属滤网把咖啡渣压下去，得到一杯醇厚且口感丰富的咖啡。法压壶制作咖啡的萃取模式为浸泡式萃取，与杯测类似，可以将人为影响因素降到最低，最能体现豆子原本的风味，整体操作简单，且容易使用。法压壶制作的咖啡与手冲咖啡相比口感更加醇厚。

9. 土耳其咖啡

土耳其咖啡是将冷水加入土耳其壶中，同时加入极细的咖啡粉。用勺子搅拌均匀，然后放到火上加热，此过程中尽量少搅拌，以免影响咖啡液产生泡沫。当咖啡液即将沸腾时，表面会出现一层厚实绵密的泡沫，这时就可以将壶离火。经过三次沸腾之后就可倒入杯中饮用，在煮沸的过程中也可以加入香料、糖等调味。其苦味尖锐明显，风味十足，味道醇厚浓郁且特别，是一款带咖啡渣饮用的咖啡。

10. 花式咖啡

花式咖啡一般采用意式浓缩咖啡为基底，按照不同方式和比例添加水、奶泡、牛奶、鲜奶油、巧克力糖浆、焦糖、爱尔兰威士忌等，分别制作成浓缩咖啡、玛琪雅朵、美式咖啡、白咖啡、拿铁、斯冰咖啡、彩虹冰激凌冰咖啡、布鲁诺咖啡、贵夫人咖啡、蜂王咖啡、淡红色咖啡、彩虹冰咖啡、爱情咖啡、爱尔兰咖啡、艾迪古巴冰咖啡等花式咖啡。

三、咖啡冷冻制品加工

咖啡冷冻制品按其组成成分与产品组织可以分为咖啡冰棒、咖啡雪糕和咖啡冰激凌三大类。

1. 咖啡冰棒

用咖啡制作冰棒，是近几年新开发的一种产品。其原理是咖啡中含有咖啡多酚、糖类、果胶、氨基酸等成分，能与口腔中的唾液发生化学反应，滋润口腔而产生清凉感。加之咖啡碱能控制中枢神经，调节体温，刺激肾脏，促进排泄，使大量热能和污物排出体外，起到提神、解热、止渴的作用。

2. 咖啡雪糕

是将咖啡、乳与乳制品或豆制品、食用酸料、稳定剂等混合配制，经严密消毒后冰结而成。通常，其组织细腻而坚实，易消化，美味可口，是夏季较好的消暑食品。

3. 咖啡冰激凌

以咖啡的制备液为原料，配以牛奶或乳制品、蔗糖，添加蛋或蛋制品、乳化剂、稳定剂、香料等，经混合配制杀菌、均质、成熟、凝冻、成型、硬化等加工，成为松软的冷冻食品。

四、咖啡糖果

咖啡糖果基本上是由甜体和咖啡味体（包括其他呈味物质）两部分构成。制造咖啡糖果时，对砂糖的选择应注意：纯度高、色泽洁白明亮、糖粒干燥流散，不选用粗制糖。糖浆除提供硬糖部分甜味外，同时对硬糖的结构组织和后期的保存能力起十分重要的作用。咖啡糖所用糖浆种类较多，有饴糖、转化糖浆、淀粉糖浆等。

五、咖啡糕点加工

咖啡糕点生产过程一般先对原辅料进行预处理，合理拟定配方，按一定的投料顺序，进行面团调制、发酵、整形、醒发和烘烤等，最后冷却包装。

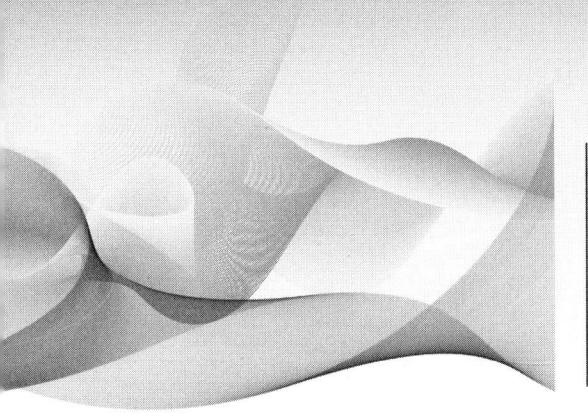

模块 7
咖啡师礼仪与顾客服务

专业的咖啡师除了必备的咖啡知识和技能外,最重要的是为客户提供服务。因此咖啡师需要从多方面提升服务水平,通过热情周到的服务为顾客提供良好的品饮氛围,建立牢固的客户关系。

课程 1 咖啡师个人礼仪

随着消费节奏和消费观念变化，消费者不再仅仅是为了品尝一杯好的咖啡，而是能有更好的消费体验。个人礼仪是基本的社交行为规范，也是影响顾客体验的重要因素。咖啡师应注意的个人礼仪主要包括仪容、仪表、仪态以及言谈举止等多个方面。

一、仪容礼仪

咖啡师的形象能够影响顾客感官和对服务的满意度，面容整洁、大方、舒适、精神饱满的仪容形象能为顾客体验提供良好基础。

1. 头发

头发要保持干净整洁，不能过长，勤于梳洗，无头皮屑，发型朴素、不标新立异。女性咖啡师一般发不过耳，如留有长发，上岗时尽量盘起或扎起；男性咖啡师尽量不要留长发，前发不过眉、侧发不掩耳、后发不过领，可以留美观、大方、舒适的发型，不留大鬓角。

2. 面容

女性咖啡师可适当化淡妆，保持容貌美观自然，妆容与工作环境相协调，不浓妆艳抹；男性咖啡师不得化妆，要常剃须，鼻毛剪短，保持皮肤清洁，最好不要有皮炎、粉刺，不留小胡子。注意餐后要刷牙或漱口，保持牙齿、口腔清洁，不饮酒、不吃刺激性或异味较大的食物。

3. 身体

手部要保持清洁无污垢，尤其注意接触食品前必须洗手，如厕后必须洗手；及时清洁指甲，指甲缝无污垢，常修剪指甲，保持合适的长度，女性咖啡师不可涂用深色指甲油。要勤洗澡、不留汗味。

二、仪表礼仪

咖啡师要注意着装、配饰等，最基本的仪表要求是干净整洁、文明大方。

1. 衣着

咖啡师需要穿着本岗位的制服或工作服上岗，服装必须完好、干净、整洁、整体平整、挺括、合体、无皱褶，线条轮廓清楚；不陈旧、无破损、不开线、不掉扣。所穿制服或工作服如有纽扣，则要全部扣好。不论男女咖啡师，不得敞开外衣，卷起裤脚、衣袖等。制服或工作服外衣衣袖、衣领处以及制服衬衣衣领口等保持平整，衣袋不放东西，不得显露个人衣物。如无统一的制服或工作服，可以用统一的围裙。

2. 鞋袜

由于咖啡师工作场所的特殊性，因此不必着正式商务皮鞋等，可以穿与衣服相适应的休闲皮鞋等，切忌穿拖鞋、凉鞋、球鞋等。鞋子颜色要与衣服相协调，要保持鞋面干净、穿着得体。袜子要与鞋子配色相近，要保持平整、干净，女性咖啡师可以根据整体着装适当搭配鞋袜，不宜穿颜色鲜艳或多色鞋袜。

3. 配饰

女性咖啡师可适当利用发绳、吊坠、简单的手环等进行点缀，不戴贵重耳环、手镯、项链、戒指等；男性咖啡师尽量不佩戴装饰，保持干净整洁的形象即可。

三、仪态礼仪

咖啡师保持良好的仪态既能凸显专业性，也能为顾客带来更好的体验。咖啡师在工作岗位上要保持精神饱满、自然大方，随时准备为顾客提供服务。

1. 站姿

站立时要保持优美的站姿，表情自然、面带微笑。女性咖啡师可以采取双手交叉放于腹部的姿势，男性咖啡师可以采取双手交叉放于腹部或背于背后的姿势；两脚可以采取"丁"字交叉、双脚平行等姿势。

2. 坐姿

女性咖啡师在坐下时可采取侧"丁"字步坐姿或交叉式坐姿，双手置于大腿上；男性咖啡师可以采取交叉式坐姿或正坐姿势，正坐姿势时双脚打开与肩部平齐，双手置于膝盖部位。

3. 行走

行走时，两眼平视正前方，身体保持垂直平稳，无左右摇晃、八字步和罗圈腿。引导顾客行进时，主动问好，单手指示方向，走在顾客的右前方或左前方 1.5~2 步距离处，身体略侧向顾客。

4. 手势

为顾客服务或与顾客交谈时，要注意手势正确、动作优美、自然；手势幅度适当，顾客容易理解，不会引起顾客反感或误会；使用手势时应尊重顾客的风俗习惯，注意同语言使用的配合。

5. 交谈

咖啡师在与顾客交流时，要主动积极、精神集中、表情自然，不随意打断顾客谈话。不做顾客忌讳的不礼貌动作，不说对顾客不礼貌的话。此外，应尊重顾客的风俗习惯和宗教信仰，对顾客的服饰、形象、不同习惯和动作，不评头论足，按照顾客的要求和习惯提供服务。

6. 其他

咖啡师应该养成良好的行为习惯，尤其注意工作时不吸烟、不喝酒、不吃零食、不在工作岗位用餐，不在顾客面前或对着食品打喷嚏、咳嗽等。

课程 2 咖啡师服务礼仪

良好的服务礼仪是增强顾客体验的重要途径，根据有关研究，80%以上顾客认为良好的服务与咖啡质量具有同等重要的地位，咖啡师应当注意服务礼仪。

一、准备提供服务的用具

在服务顾客前，要按照产品类型对咖啡杯、垫碟进行选择，杯子大小、形状会影响咖啡热度保持时间、香气和味道的保留能力，同时也要考虑功能性，如杯耳大小、重量等，以便顾客取用。所有用具要求洁净、无破损、无水迹，所有器具要配套使用，且在同一桌上保持一致。

二、摆放服务用具

咖啡杯的垫碟应摆放于顾客正前方，咖啡杯倒置于垫碟上，杯耳朝右且与顾客平行，咖啡勺放在垫碟内的上方、勺柄朝右。端上咖啡时，一定要将杯耳向着顾客的左侧，以便顾客扶着杯耳加糖和牛奶。添加配料因人而异，顾客如需要奶和糖时，要在奶盅注入 2/3 的鲜奶，在糖盅中按照每人 2 袋的标准放入普通砂糖、低热量糖粉、咖啡焦糖等，按每 2~3 人一套摆放在桌子中央，以供顾客选用。

三、服务顾客

在现场服务顾客时，应首先询问顾客需求，并准确理解和满足顾客需要，必要时可以简单介绍产品类型、特点，以供顾客选择。制作好咖啡饮品后，应首先检查煮好的咖啡的温度是否在 80 ℃以上，按照女士优先、先宾后主的顺序按顺时针方向在顾客右侧倒咖啡;倒咖啡时,咖啡杯不能离开桌面,适时提醒顾客咖啡温度。

四、添加咖啡

当顾客的咖啡杯中的量剩 1/5 时,应征得顾客同意后及时为顾客添加咖啡。添加咖啡时,不要把咖啡杯从垫碟中拿起来,并注意添加量要适宜,如普通喝咖啡以 80~100 mL 为宜。

课程 3 咖啡师顾客服务原则

咖啡师要掌握以服务顾客为核心的服务技能和技巧，以便于提高服务质量和顾客满意度，建立良好、牢固的顾客关系。

一、营造良好氛围

良好的氛围在吸引顾客方面起着重要作用，可以使顾客获得宾至如归的感觉。良好氛围的形成主要依赖于店铺氛围、环境及服务等。

1. 保持卫生

清洁卫生是除了店铺的布局、桌椅、装饰等硬件设施以外，顾客更加注重的要素，清洁的环境可以向顾客透露舒适、健康的信息。因此咖啡师不仅要注意个人形象，还要注意环境卫生，尤其在柜台、桌椅、操作间、洗手间等区域，要定期清洁。

2. 适度的音乐

咖啡店（馆）不仅仅是顾客喝咖啡的地方，也是顾客休憩、交流的场所，选择与环境相得益彰的音乐，可以营造出舒缓和轻松的氛围。音乐以舒缓的类型为宜，音量要适度，避免打扰顾客谈话或工作。

3. 良好的服务

咖啡师良好的服务包括保证产品质量和服务细节，其前提是保持好专业的服务态度，按照顾客要求制作高质量的产品，同时保持好干净整洁的个人形象，穿着得体的服装，使用友好的交流语言。

二、了解并迎合客户的偏好

了解客户的偏好是提供顾客服务不可或缺的一部分。咖啡师应在顾客点单时积极主动了解顾客对咖啡类型、冲泡方法和其他风味方面的独特口味和偏好。这一目标可以通过直接提问、观察重复的订单，甚至通过随意的交谈来完成。其关键点在于主动和细心，主动倾听顾客需求，细心为顾客介绍产品，及时引发顾客的兴趣。了解顾客的需求，除了能为咖啡师制作咖啡提供目标，还能让客户感受到他们的偏好被重视和满足。了解客户的偏好，还能让咖啡师可以进行个性化推荐，进一步提升客户体验，让客户感到被重视，让顾客感受到咖啡师不仅具有专业的产品知识，而且还能够满足顾客的独特口味。

三、解决顾客的困难和问题

有的顾客未必能够了解怎么选择咖啡，也可能不清楚店内咖啡产品的特点，此时需要咖啡师提供帮助。咖啡师的帮助能影响客户对咖啡店（馆）的看法，提升顾客的体验。咖啡师解决顾客的困难和问题时，关键要注意以下几点。

1. 沉着冷静

保持沉着冷静对于咖啡师来说至关重要，即使客户情绪激动，以激烈的方式提出问题或质疑，咖啡师的回应都应持解决问题的态度，要注意不能争论导致冲突升级，不能带着情绪开展服务工作。

2. 积极倾听

咖啡师在与顾客交流时，要允许客户表达他们的想法，不要随意打断顾客。适度站在顾客的角度考虑如何解决问题，积极表达同理心，引导顾客表达出疑问或困难，让顾客明白咖啡师可以解决相关问题。

3. 提供解决方案

在了解顾客的困难或问题之后，要通过思考或与同事协作，努力找到让客户满意的解决方案。

四、有效的沟通

有效的沟通是提供良好服务的基石，有利于促进咖啡师和顾客之间的理解，建立良好的关系，并增强客户体验。与顾客沟通时，咖啡师要注意个人礼仪、言谈举止，例如热情问候、礼貌的言谈等，可以使客户感到被重视和受欢迎。最重要的是保持耐心的沟通，例如，客户需要了解菜单的细节、咖啡产品的特点或店内的优惠活动等，咖啡师尽可能按照顾客需求进行介绍，并积极引导顾客思考或做出选择。在顾客提出服务需求时，要耐心、礼貌地回应，对顾客提出的问题要快速沟通，表示出对顾客的重视。

五、衡量和改进服务质量

咖啡师在服务结束后应该积极衡量所开展的服务工作是否成功，这种方式有利于咖啡师改进服务工作。以下是衡量服务成功与否的部分方法：通过顾客的直接反馈，了解服务的优点和不足；通过顾客反馈或间接地评论，了解顾客的体验；通过回头客的比例和人数了解自身服务的质量。

在收集到顾客评价会反馈之后，要作出积极的改进回应。例如，有顾客反馈觉得咖啡店（馆）内嘈杂，可以考虑采取降噪措施；如果回头客较少，可以尝试寻找提高服务质量的方法。听取顾客中肯的建议，不断改进服务以提高顾客忠诚度，树立和传播更好的口碑，从而吸引新的顾客。

模块 8 咖啡店创新与经营管理

随着经济全球化的推进和人们生活水平的提高，咖啡作为一种独特的文化符号，日益受到人们的喜爱。同时咖啡经营市场竞争愈加激烈，咖啡产业的创新与管理就显得尤为重要。

创新是咖啡产业持续发展的关键。在产品层面，通过研发新口味、新配方，提高咖啡的品质和口感，满足消费者多样化的需求。此外，通过创新生产工艺，降低生产成本，提高产量，实现规模化生产，从而提高市场竞争力。管理是咖啡产业健康运行的保障，包括：优化供应链管理，提高库存周转率，降低运营成本；强化品牌营销，提高品牌知名度和美誉度，吸引更多消费者；注重人才培养，提高员工素质，提升服务质量。

创新与管理并非孤立存在，而是相辅相成的。通过创新，可以优化管理流程，提高管理效率。例如，借助信息化技术，实现订单处理、库存管理和物流配送的自动化，降低人为干预从而降低错误率。通过管理，可以为创新提供稳定的基础和支持。例如，建立完善的研发团队和管理体系，确保新产品的质量和推广效果。

咖啡产业创新与管理是实现产业升级、提高竞争力的必要手段。未来，随着消费市场的变化和技术的不断发展，咖啡产业将面临更多挑战和机遇。只有不断创新、优化管理，才能在竞争中立于不败之地。

课程 1

咖啡文化与贸易

一、咖啡起源与咖啡文化传播

目前,公认的咖啡起源地为埃塞俄比亚高原,世界上第一株咖啡树在这里被发现。据历史记载,在公元9世纪,埃塞俄比亚的牧羊人卡尔迪发现羊群在食用咖啡果后变得异常兴奋,于是自己尝试并感受到了同样的效果。这一发现逐渐在当地传播开来,人们开始将咖啡果烘焙后研磨成粉,用水冲泡饮用,起到提神醒脑的作用。

随着时间的推移,咖啡的种植和饮用逐渐从埃塞俄比亚传播到阿拉伯半岛。阿拉伯商人将咖啡带到了也门,并在那里开办了世界上第一家咖啡馆。咖啡的独特风味和提神作用迅速赢得了人们的喜爱,咖啡馆成为人们社交和休闲的重要场所。自15世纪咖啡从东方传入欧洲以来,其独特的香气和提神醒脑的功效迅速征服了欧洲贵族的味蕾。随后,随着殖民扩张和贸易活动的兴起,咖啡文化逐渐传播至世界各地,形成了各具特色的咖啡文化。

在美洲,咖啡文化的传播则与殖民历史紧密相连。巴西作为世界上最大的咖啡生产国,其咖啡文化深受欧洲殖民者的影响。巴西人热爱咖啡,咖啡已成为他们日常生活中不可或缺的一部分。在巴西,人们常常在街头巷尾的咖啡馆里,一边品尝着香浓的咖啡,一边欣赏着当地的音乐和舞蹈,享受着悠闲的时光。

在欧洲,咖啡文化的传播则与文艺复兴和工业革命紧密相连。意大利作为咖啡文化的发源地之一,其咖啡文化历史悠久、底蕴深厚。意大利人热爱咖啡,他们发明了浓缩咖啡(Espresso),并将其作为咖啡文化的代表。在意大利咖啡馆里可以品尝到各种口味的咖啡，感受到浓厚的咖啡文化氛围。

咖啡文化的传播不仅促进了不同文化之间的交流与融合，也推动了咖啡产业的繁荣与发展。如今，咖啡已成为全球最受欢迎的饮品之一，咖啡文化已遍布世界各地。

二、咖啡贸易起源与发展

在咖啡传播到阿拉伯地区后，咖啡被视为一种神圣的饮料，其独特的口感和提神醒脑的作用深受人们喜爱。随着阿拉伯商人的贸易活动，咖啡逐渐传播到欧洲和亚洲等地。全球咖啡贸易的兴起，得益于当时欧洲的大航海时代。在此期间，咖啡随着欧洲人传播到世界各地。荷兰人是最早将咖啡树引入东南亚的国家，他们在爪哇岛、苏门答腊岛等地建立了大型的咖啡种植园，并将咖啡豆运回欧洲销售。法国、英国等欧洲国家也在其殖民地大规模种植咖啡树，并建立了全球性的咖啡贸易网络。这些殖民地的咖啡产业逐渐形成了自己的特色，如巴西的软豆、越南的罗巴斯塔等，这些特色咖啡豆在全球市场上享有很高的声誉。随着全球咖啡贸易的不断发展，咖啡价格的形成机制逐步构建起来。咖啡价格受气候、产量、市场需求等多种因素的影响。然而，咖啡作为一种全球性的商品，其贸易规模仍然保持着稳定的增长。

三、咖啡文化对店铺经营的作用

咖啡文化与贸易是店铺经营的重要组成部分，是咖啡店铺经营的核心。通过打造独特的咖啡文化、与供应商建立稳定的合作关系、注重咖啡的品质控制和推广咖啡文化等方式，咖啡店铺能够提升品牌的知名度和美誉度，吸引更多的消费者，从而推动店铺的经营发展。一个拥有别具一格咖啡文化的店铺，能够深深地吸引消费者，提高品牌的知名度与美誉度。店铺在装修设计、氛围营造、服务品质等方面都彰显出其与众不同的咖啡文化特色。通过打造独特的咖啡环境，提供优质的服务，使顾客能够尽情享受咖啡带来的美好，沉浸在浓郁的咖啡文化中。舒适的体验感能赢得消费者的好评，并激发他们成为忠实客户的强烈意愿。

四、咖啡贸易对店铺经营的作用

咖啡贸易也是店铺经营的重要环节。咖啡店铺为确保其咖啡品质和口感，需通过严谨的贸易活动来获取优质的咖啡豆及咖啡产品。贸易活动的成功与否,直接影响店铺的咖啡供应和产品质量,因此,与供应商建立稳定、持久的合作关系至关重要,以保障咖啡供应的稳健与可靠。在咖啡贸易运作中,咖啡品质作为店铺经营的核心要素,具有举足轻重的地位。优质的咖啡豆和咖啡产品不仅能为消费者提供卓越的口感体验,更能显著提升消费者对店铺的信任度和满意度。因此,咖啡店铺在选购和品质控制方面需严谨细致,选择具备良好信誉的供应商,确保所供应的咖啡品质能够充分满足消费者的期望。

课程 2

咖啡选购

对于咖啡的选购，需要具备必要的专业知识和对咖啡的细心品味。下面介绍一些关于咖啡选购的知识和技巧。

一、咖啡的种类和特点

咖啡的种类和特点是咖啡选购的重要依据，了解咖啡的种类和特点，可以更好地依据口味做出选择。市售咖啡主要为阿拉比卡咖啡和罗巴斯塔咖啡两类。

阿拉比卡咖啡最为常见，其口感较为细腻，香味浓郁，酸度较高，味道较为柔和，能让人充分品味咖啡的细腻和香气。阿拉比卡咖啡的咖啡因含量相对较低，适合对咖啡因敏感的人群。

罗巴斯塔咖啡相较阿拉比卡咖啡口感更加浓烈，味道更加苦涩，香味也较强烈。其酸度较低，更为平衡，适合喜欢浓郁味道的人。其咖啡因含量相对较高，有一定的提神作用。

如果喜欢细腻、柔和的口感和香气，则选择阿拉比卡咖啡。如果喜欢浓烈、苦涩的口感和香气，则选择罗巴斯塔咖啡。

二、咖啡豆的产地和咖啡产地的特点

咖啡豆的产地对咖啡的味道有很大的影响，不同产地的咖啡味道差异显著。在选购时，了解咖啡豆的产地和产地的特点，有助于选择适合的咖啡。

巴西是世界上最大的咖啡生产国，巴西产的咖啡口感较为平衡，香味浓郁，酸度较低，常具有明显的巧克力或坚果风味，非常适合喜欢香味浓郁、口感平衡的人饮用。

哥伦比亚是世界上著名的阿拉比卡咖啡生产国。哥伦比亚产的咖啡酸度相

对较高，口感饱满，香气浓郁，常具有明显的柑橘或水果风味，非常适合喜欢酸度较高、口感丰富的人饮用。

印度尼西亚是重要的咖啡产地，产量大且品质优质。印度尼西亚产的咖啡味道较为浓烈，香味独特，有时带有一些泥土的味道，常具有明显的巧克力或辛香料的风味，适合喜欢味道浓烈、香气独特的人饮用。

如果喜欢口感平衡、香味浓郁的咖啡，则选择巴西产的咖啡更适合。如果喜欢酸度较高、口感饱满的咖啡，则选择哥伦比亚产的咖啡更适合。如果喜欢味道浓烈、香气独特的咖啡，那么选择印度尼西亚产的咖啡更适合。

三、了解咖啡豆的烘焙程度

咖啡豆的烘焙程度直接影响咖啡的味道和口感。了解咖啡豆的烘焙程度，可以帮助咖啡师更好地选择适合口味的咖啡。不同的烘焙程度会使咖啡豆表面产生不同程度的烘焙色泽，进而影响咖啡的味道和香气。

浅焙的咖啡豆颜色浅黄，味道较酸，香气较强，咖啡因含量较高，可能伴有一些水果或花香的味道，适合喜欢酸味、清新口感的人饮用。

中焙的咖啡豆呈深褐色，酸度适中，口感醇厚，香气浓郁，不会过于酸涩和苦涩，口感平衡，能更好地展现咖啡豆的原有风味，是大多数咖啡选择的标准。

深焙的咖啡豆呈枣红色或黑色，味道较苦，香气较浓郁，可能伴有焦糖或巧克力的味道，一般咖啡因含量较低，酸度较低，适合喜欢浓烈咖啡味道的人饮用。

四、选购新鲜度较高的咖啡豆

咖啡豆的新鲜度对咖啡的味道有很大的影响。新鲜的咖啡豆香气浓郁，口感醇厚；而陈旧的咖啡豆味道酸涩，口感较差。因此，选购时，要选择新鲜度较高的咖啡豆。可以通过查看咖啡豆的包装日期和保质期来判断其新鲜度。

五、选购有信誉的咖啡品牌

选购咖啡时，最好选择有信誉的咖啡品牌，以保证咖啡的质量和口感。知名的咖啡品牌商往往在咖啡的种植、烘焙和加工等方面经验丰富、技术成熟，能够提供更好的咖啡产品。

课程 3

咖啡饮品的开发与营销推广

随着消费者对饮品品质和体验要求的提高,咖啡因高品质、多样化而具有更高的附加值和消费升级潜力。当前,中国咖啡市场逐渐通过开发咖啡饮品,从口感上改变消费者对咖啡的刻板印象。例如近年来出现的咖啡产品"茶饮化",创新地把水果、乳饮、奶盖、茶等元素与咖啡结合,形成"茶咖""果咖",为咖啡市场带来惊喜。

一、市场分析与趋势

咖啡饮品已经成为全球颇受欢迎的饮品之一。据统计,全球每天都会消耗数亿杯咖啡。随着年轻人对咖啡喜爱程度的渐增,咖啡饮品的开发和创新成为一种趋势。市场上,咖啡饮品的品种和口味越来越多样化。除传统的黑咖啡和奶油咖啡外,还可以选择各种口味和添加物,如香草、焦糖、巧克力等。此外,咖啡饮品还可以添加冰沙、奶泡等,形成不同口感,以满足消费者的多样化需求。

二、咖啡饮品的开发与创新

咖啡饮品需要不断创新。不同的咖啡豆具有不同的风味和香气,烘焙的程度也会影响咖啡的口感和香味。在咖啡饮品中加入不同口味或风味的添加物,可以创造出各种口感和味道。此外,还可以用不同的调制方法满足不同消费者的需求。例如,添加香草糖浆可以增加甜味和香气,添加巧克力可以增加丝滑口感。还可以与传统的茶饮料、果汁饮料等相结合,创造出新的口味。也有将咖啡与气泡水相结合，创新出类似可口可乐的无糖咖啡气泡水等。

烘焙是咖啡豆加工的重要环节，烘焙的时间和温度是影响咖啡风味的关键因素，不同的烘焙程度会带来不同的风味特点。浅烘焙的咖啡豆口感较为鲜明，酸度较高；中烘焙的咖啡豆口感较为平衡，风味较为浓郁；深烘焙的咖啡豆口感较为苦涩，风味较为浓烈。改变烘焙程度和方式，成为一种创新趋势。

三、咖啡饮品的营销推广

咖啡饮品的营销和推广是开发过程中的重要环节。首先，需要确定目标消费者和市场需求。不同的消费者群体对咖啡饮品的要求和偏好会有所不同，因此需要根据市场需求来开发和推广产品。其次，在市场推广时，要考虑目标消费群体、竞争对手、定价策略等因素。目标消费群体的选择至关重要，因为不同的消费群体对咖啡的需求和口味偏好不同，所以需要根据其特点来确定产品的定位和宣传策略。竞争对手的分析也不可或缺，了解竞争对手的产品特点和市场份额，有助于经营者制定更有效的推广策略。定价策略需要综合考虑成本、市场需求和竞争状况等，以保障产品的竞争力和盈利能力。

四、咖啡饮品的品牌建设与发展

品牌建设对于咖啡饮品的发展和推广极为重要。一个独具特色且有知名度的品牌能吸引更多的消费者和忠实客户。首先，需要明确品牌的定位和特点，不同的品牌可以有不同的定位和特点，如高端奢华、专业品质或者创新口味。其次，需要进行品牌宣传推广，可以通过包装设计、店面装修以及品牌合作等方式来提升品牌的知名度和影响力。此外，也可以通过与咖啡师和咖啡爱好者合作，强化品牌形象和忠诚度。

咖啡饮品的开发充满了挑战和机遇，是一个综合性的过程，需要考虑原料选择、烘焙技术、调配方法和市场推广等多个方面。通过合理选择原料和烘焙技术，可以制作出口感丰富、风味独特的咖啡饮品。调配方法可以根据个人口味和需求进行选择，以满足不同消费群体的需求。市场推广需要根据目标消费群体和竞争状况来制定相应的策略，确保产品的竞争力和市场份额。咖啡饮品的开发是不断创新和迭代的过程，只有持续改进和提升，才能满足消费者需求，赢得市场认可。通过不断创新和研发，能为消费者带来更多元的选择和更优品质。同时，有效的营销和品牌建设也是推动咖啡饮品市场发展的关键。

课程 4

咖啡店策划与经营

咖啡店策划与经营的目的是确保店铺在竞争激烈的市场中脱颖而出,实现稳定的盈利和持续发展。通过精心策划,店铺能够明确自身的市场定位、提升店铺的品牌形象和市场竞争力、优化店铺的运营管理、应对市场变化和风险挑战。

一、市场调研与店铺定位

在开设咖啡店铺之前,需要进行深入的市场调研,以便准确地把握市场的需求和消费者的特点。

1. 目标消费群体分析

进行目标消费群体分析是为店铺定位打好基础。例如,对于都市白领,他们通常在工作日选择方便快捷的咖啡外卖服务,而在周末则更倾向于到店内享受一段悠闲的咖啡时光。因此,咖啡店铺在选址上应靠近写字楼和商业区,提供便捷的线上订购和快速配送服务,同时打造舒适宜人的店内环境,提供高品质的咖啡和精致的点心,以满足他们的需求。对于学生群体,他们更注重咖啡的时尚感和个性化。因此,在产品设计上,可以引入一些新颖独特的咖啡口味和饮品搭配,同时结合时尚元素和校园文化,打造具有鲜明特色的咖啡产品。此外,通过社交媒体等线上渠道,可以与学生群体建立更紧密的联系,收集相关反馈,了解他们的需求,不断优化产品和服务。

通过目标群体分析,对店铺进行初步定位,明确为谁提供服务、提供哪些服务、如何提供服务的问题,下面简要介绍咖啡店定位的几个基本原则。

(1) 切中目标受众

要结合店铺开设规划和消费者需求对店铺进行初步的群体定位,确定好目标受众。

（2）传播积极形象

要针对目标群体的喜好进行积极的宣传，打造良好的店铺形象。

（3）创造差异化优势

要突出自己和竞争对手之间的差异性，需要重视产品、服务、形象、渠道等多个方面，打造自身优势和特色。

2. 竞争对手分析

在咖啡店铺策划中，分析竞争对手是至关重要的一环。通过对竞争对手的深入分析，可以更准确地把握市场动态，制定有效的经营策略。当前，咖啡市场竞争激烈，国内外品牌纷纷布局市场，形成了多元化的竞争格局。

首先，需要关注国际品牌的竞争态势。国际品牌凭借其品牌优势、产品质量和营销策略，对本土咖啡品牌构成了较大的竞争压力。其次，国内新兴品牌也不容忽视。近年来，随着消费者对咖啡品质和口感要求的提高，一些本土品牌通过不断创新和品质控制，逐渐获得了消费者的认可。通过对比自身与竞争对手的优劣势，从而制定更具针对性的经营策略。同时，还需要关注竞争对手的营销策略和市场动态，及时调整自身策略，保持竞争优势，从而在激烈的市场竞争中脱颖而出。

3. 店铺定位与特色

在筹划咖啡店时，店铺定位与特色是至关重要的一环。例如，某咖啡店铺定位为"都市中的慢生活空间"，致力于为都市白领和文艺青年提供放松身心、享受咖啡文化的场所。为了实现这一定位，应该深入分析目标消费群体的需求和喜好，发现他们追求高品质、有特色的咖啡产品，同时渴望在繁忙的都市生活中找到一处宁静的角落。

在特色打造上，应该注重咖啡的品质和口感，精选优质咖啡豆，采用先进的烘焙技术，确保每一杯咖啡都能呈现出独特的风味。此外，还要注重店铺的装修风格和氛围营造，以简约、舒适、文艺为设计理念，打造轻松愉悦的氛围，让顾客在品尝咖啡的同时，也能感受到一种心灵的放松和愉悦。

4. 品牌定位

通过市场调研，了解到目标消费群体对咖啡品质、口感和氛围的偏好。如，某咖啡店铺通过调研将品牌定位为"高品质、精致生活"，店铺的装修风格和氛围营造就要符合品牌定位，为消费者提供独特的咖啡文化和精致而舒适的休闲环境。经营时要加大品牌推广力度，不断创新和优化产品和服务，为消费者带来更好的咖啡体验。

二、咖啡店铺选址与空间设计

1. 店铺选址

咖啡店选址是开店成功的关键，它直接关系到店铺的客流量、品牌形象以及长期盈利能力。在选址过程中，需要遵循一定的原则与策略。首先，要充分考虑目标客户群的需求和分布。选择人流量大、消费能力强的地段，如商业中心、写字楼区或高校周边，位于这些区域的咖啡店往往能吸引更多的潜在客户，实现更高的销售额。其次，要考虑竞争情况和租金等因素。还要注意针对不同群体进行合理的店面装修，创造温馨舒适的消费环境。

（1）咖啡馆类型

1）专业型咖啡店。以销售专业精品咖啡为主，产品精而专，店铺装修精致，搭配咖啡品鉴、咖啡相关知识教学并售卖咖啡豆。在店铺选址上要考虑成本，可选在交通便利但非必须在主要街道处，如社区住宅区、商业街道外围。

2）外带型咖啡店。以外卖、外带咖啡饮品为主，针对上班族、逛街人群。店铺规模小，注重个性化氛围。在选址上要考虑人流量，可选在交通便利的商圈、写字楼、大学院校等场所附近。

3）餐饮型咖啡店。咖啡和餐食结合售卖，餐食丰富，咖啡非主打产品，店铺空间大，环境舒适且装修美观。在选址上可以考虑人流量大的餐饮集中区域，交通便利的主要街道和商圈。

4）复合型咖啡店。咖啡与书、花、家具、杂货、服饰等结合，有不同的主题，店铺有咖啡区和其他主题区域的划分。选址可以考虑人流大的商圈、社区、高校等场所附近。

（2）咖啡馆选址

应根据咖啡店的类型，结合不同地点的特点进行选址。

1）步行街、美食街。优势：人群密集，休闲氛围下的客流转换率较高，咖啡店既能为顾客提供暂时的休息空间，又能提供产品外带服务。适合外带型、餐饮型咖啡店。

2）商超、购物中心。优势：客流量大，集购物、餐饮、娱乐于一身的城市综合体。人们"吃一餐，逛一逛，看电影，聊近况"，带着消费预期进入特定场景,更容易形成刚性需求,客流转换率相对较高。适合餐饮型、复合型咖啡店。

3)商用办公区、写字楼。优势:刚需目标人群集中,不论是商业会谈还是休息休闲均可得到满足。咖啡饮品为其日常饮品。适合外带型、餐饮型咖啡店。

4)大学城、学校。优势:年轻人集中,消费能力强。但咖啡在学生群体中并非首选,竞争力要弱于奶茶店。适合餐饮型、外带型咖啡店。

5)地铁站。优势:目标人群集中、客流量大。通常商业中心与地铁站直接连通,方便消费者外带。但地铁站周边租金高、场所面积小,适合外带型咖啡店。

2. 咖啡店的空间布局与功能划分

在咖啡店的空间布局与功能划分需充分考虑顾客体验与店铺运营效率。合理的空间布局能够营造出舒适、温馨的咖啡文化氛围。例如,采用开放式吧台设计,让顾客能够亲眼目睹咖啡师精湛的手艺,增加互动性和信任感。同时,利用自然光与柔和的灯光相结合,营造出宁静、舒适的氛围,让顾客在品尝咖啡的同时,也能得到身心的放松。

在功能划分上,需根据店铺的实际情况和顾客需求进行合理规划。一般来说,咖啡店铺可分为吧台区、用餐区、休闲区、卫生间等区域。吧台区是咖啡师制作咖啡的主要区域,应设置在显眼且便于顾客观察的位置;用餐区是顾客用餐的主要区域,应设置足够的座位和舒适的用餐环境;休闲区是为顾客提供的休息、阅读、社交的场所,可设置沙发、书架、音乐设备等,增加顾客的停留时间和消费意愿。

3. 装修风格与氛围营造

在咖啡店铺的装修风格与氛围营造上,需深入考虑目标客户的喜好与期望,以创造出一个既舒适又引人入胜的咖啡空间。以现代简约风格为例,通过简洁的线条和色彩搭配,能欧营造出一种轻松、时尚的氛围。据市场调查显示,现代简约风格的咖啡店铺更受年轻消费者的青睐。下面简要介绍常见的咖啡馆装修及氛围营造。

1)色彩选择。咖啡厅的色彩选择应以暖色调为主,如棕色、米色、黄色等,这些颜色能够营造出温馨舒适的氛围。同时,也可以融入一些蓝色或绿色,增添一些清新的感觉。

2)照明设计。咖啡厅的光线应该柔和舒适,可以考虑使用吊灯或壁灯,以及柔和的灯光,营造舒适的氛围。

3)家具选择。咖啡厅的家具选择非常重要,要选择舒适、实用的家具,如沙发、椅子、桌子等,这些家具应能提供舒适的座位,同时也应该契合咖啡厅的整体风格。

4)装饰设计。咖啡厅的装饰设计颇为关键,可以挂一些画作或照片,或者放置一些雕塑或花瓶等,营造艺术氛围。

5)音乐选择。咖啡厅的音乐选择也应与整体氛围相符,可以考虑选择一些轻松、舒缓的音乐,营造舒适的氛围。

三、产品策划

1. 咖啡品种与口味设计

在咖啡店的经营中,咖啡品种与口味设计是吸引顾客、树立品牌形象的要素。首先,需要进行市场调研,了解目标消费群体的口味偏好和咖啡消费习惯。其次,在口味创新的过程中,关注消费者的反馈。通过收集和分析消费者的评价和建议,可以不断优化咖啡口味,提高顾客的满意度。

2. 饮品与食品搭配

在咖啡店铺的经营中,饮品与食品的搭配是提升顾客体验、增加销售额的重要策略。合理的搭配不仅能满足顾客的需求,还能提升店铺的整体形象。根据目标消费群体的口味偏好和饮食习惯,设计多样化的饮品与食品组合。例如,针对年轻白领群体,可以推出经典美式咖啡搭配健康轻食的组合,满足他们追求快捷、健康的生活方式。而对于喜欢享受下午茶时光的顾客,则可以提供拿铁咖啡搭配精致甜点的组合,营造浪漫、惬意的氛围。

3. 季节性产品推广

在咖啡店铺的经营中,季节性产品推广是吸引顾客、提升销售额的重要手段。针对不同的季节,可以设计与之相匹配的咖啡饮品和食品,以满足消费者的需求。例如,在春季,可以推出以樱花为主题的咖啡饮品,如樱花拿铁、樱花慕斯等,同时搭配樱花形状的甜点,营造浪漫的氛围。通过市场调研,发现樱花主题的产品在春季深受年轻女性消费者的喜爱,销售额较平时增长 30% 左右。通过针对不同季节设计与之相匹配的咖啡饮品和食品,并结合节日氛围和主题活动进行推广,可以吸引更多消费者。

四、咖啡营销与促销活动策划

制定营销和促销策略,包括线上线下宣传、社交媒体推广、会员制度等,以吸引更多顾客并提高品牌知名度。形象宣传制品促销投放策略通常以广告宣传等方式为主。

1. 宣传海报

在开业前5~6天，在人流量比较大的广场、街道、社区附近张贴海报。海报内容包括时间、地点以及能够吸引消费者前往的促销礼品和活动内容。

2. 礼品制作

将咖啡店开业期间活动优惠措施体现出来，如赠送咖啡杯、情侣咖啡杯及盒装咖啡豆等，并且在赠品上印制咖啡品牌标志，让消费者感受到咖啡店的经典。

3. 吊旗

要突出活动主题，悬挂在醒目位置，如悬挂于咖啡店前。这种方式广告信息密集，受众面广泛，受众记忆时间较长，是室内举办大型活动最佳选择。

4. 制定好会员卡及宣传单

主要是针对学校和周边大型高档写字楼发放会员卡和宣传单，对周边的客源宣传到位。待顾客消费后，通过调查问卷来了解顾客对产品的好感度，评价出优缺点，及时调整服务和提升产品质量。同时注意维护好会员等稳定客户，适度进行针对会员等的促销活动。

5. 线上宣传

通过网站或者贴吧进行宣传，考虑网络爱好者、有车一族中的咖啡爱好者群体；增加新媒体宣传渠道，例如通过微博账号、微信公众号、微信群等进行宣传，通过"圈子"进行产品宣传，适当介绍咖啡相关知识、新闻等强化店铺宣传。

五、咖啡店持续创新与发展

在咖啡行业的激烈竞争中，持续创新与发展是咖啡店保持竞争力的关键。首先，要关注市场趋势和消费者需求的变化。通过定期的市场调研和数据分析，了解消费者的口味偏好、消费习惯及其对咖啡店的期望，从而制定符合市场需求的创新策略。其次，咖啡店还需要在产品研发、供应链管理、服务管理等方面不断创新，提升产品质量和服务水平，以满足消费者的多样化需求。再次，在创新过程中，咖啡店铺可以借鉴其他行业的成功经验，引入新的技术和管理模式。例如，利用大数据和人工智能技术，对消费者的购物行为进行分析和预测，为店铺的运营提供数据支持；引入绿色环保理念，采用环保材料和节能设备，降低店铺的运营成本，同时提升品牌形象。此外，咖啡店还可以通过跨界合作、文化融合等方式，拓展新的业务领域和市场空间。

　　店铺持续创新与发展中，尤其要注重产品开发与供应链管理。设计和开发多样化的咖啡产品，包括经典咖啡、特色咖啡和创意咖啡等。此外要建立可靠的供应链，确保咖啡豆的品质和稳定供应，成熟的咖啡供应链几乎已成为了现磨咖啡连锁品牌的"标配"。

课程 5 培训与管理

咖啡店经营者要懂得如何管理员工,才能将他们各自的能力和所长尽可能地发挥出来,为咖啡店的经营和发展贡献力量。培训员工掌握咖啡知识和制作技巧,提供专业的服务,懂得与顾客互动,并能根据顾客口味和需求提供个性化的建议。

一、基础素质培训

1. 思想品德培训

对员工进行爱国爱店、爱岗敬业、遵纪守法等教育,提高员工的思想品德和职业道德水平。

2. 业务培训

通过业务培训,使员工端正工作态度,提高执行、创造、交涉、判断、协调等能力。

3. 文化知识培训

文化知识培训的主要目的是提高员工综合素质。

4. 制度培训

制度培训的主要目的是建立一支训练有素、遵纪守法、团结协作的员工队伍。

二、基本意识培训

1. 职业意识

提高员工的素质和修养,树立职业自尊心和自信心。

2. 竞争意识

使员工不仅重视同外部同行业和相关行业的竞争，也要重视咖啡店内部员工之间的竞争，进而提高服务水平。

3. 团队意识

促进员工之间、部门之间相互协调，为下个流程的员工或部门做好铺垫。

4. 营销意识

使员工学会站在顾客的立场指导自己的工作，认识到良好的服务是提升咖啡店利润的重要途径。

5. 成本意识

使员工学会节能降耗、爱护设备和用品，提高经营效率，了解咖啡店成本的构成要素，养成增收节支的习惯。

6. 创新意识

鼓励员工在制作、服务、经营等环节创新创优，激发员工的工作热情，从而提高咖啡店的竞争力。

三、咖啡馆设备与器具选用培训

经营一家咖啡馆需要准备各种专业的设备和器具，如烘焙机、研磨机、冲泡器具等。这些设备和器具的设计和功能都会影响到咖啡的制作效果和质量，因此，需要了解其特点和正确的使用方法并进行定期的维护和保养。

1. 咖啡机

咖啡机是咖啡店必备设备之一，按照工作方式，咖啡机主要分为手动咖啡机、半自动咖啡机和全自动咖啡机三种。

（1）手动咖啡机。需要手动操作，有制作咖啡的乐趣和体验感，但制作过程相对烦琐，适合专业咖啡师使用。

（2）半自动咖啡机。需手动填充咖啡粉、压粉和萃取，但能够通过自动化系统控制水和咖啡粉的加热和萃取过程，使用起来比较方便。

（3）全自动咖啡机。一键操作，能够自动完成磨豆、填粉、压粉、萃取等过程，适合忙碌的咖啡店使用。

2. 磨豆机

磨豆机是制作咖啡的重要设备，可以将咖啡豆磨成不同粗细的咖啡粉，从而影响咖啡的风味和口感。按照磨盘材质，磨豆机分为陶瓷磨豆机、钢磨豆机和石磨豆机三种。

（1）陶瓷磨豆机。研磨效果好且耐用，不会对咖啡豆造成金属污染，因此被广泛使用。

（2）钢磨豆机：研磨效果和耐久性也较好，价格较低。

（3）石磨豆机：能够较好地保留咖啡豆的原始风味，但研磨效果和耐久性欠佳。

3. 咖啡器具

咖啡器具是咖啡店冲泡咖啡的器皿，主要包括咖啡壶、咖啡杯、咖啡匙等。其中，咖啡壶又分为法压壶、虹吸壶和滴漏壶等。

4. 咖啡冲泡器具的选择建议

应根据咖啡店的实际需要来选择不同类型和规格的器具。例如，需要制作多种类型的咖啡，可购买不同类型的咖啡机；需要提升咖啡品质和口感，可购买高质量的磨豆机和冲泡器具。

课程 6 咖啡店的运营

咖啡馆运营不仅仅是售卖咖啡和美食，还需营造文化氛围、建立和优化生活理念，以独特之处吸引消费者。下面从服务体系、产品质量、外卖渠道、营销策略、运营数据分析、员工激励制度等方面进行介绍。

一、服务体系

1. 服务水平

门店常遇最大问题是服务水平不一，有的服务人员可以贴心地为顾客着想，也有部分服务人员的服务意识欠佳，例如不及时跟客户打招呼、对产品不熟悉等问题，为了解决这些问题需要构建一套培训体系来提高员工的服务水平。

2. 培训体系

（1）产品培训

熟悉产品是对员工的基本要求。各岗位员工均需接受产品知识培训，尤其要熟知每种产品的名称、价格、特点等基本信息，培训之后要进行考核。培训要分阶段、分步骤进行，结合复习才能达到效果，对于一些产品还应让员工品尝，之后要讨论品尝的感受以加深印象，从而实现对客户的点对点服务。

（2）服务培训

应根据顾客特点及时推荐产品，顾客需要添加冰、甜点等产品时要及时反馈，见到顾客要微笑回应，所有这些操作都应流程化，并有相应的话语话术应对各种情况。

（3）纪律培训

纪律是任何服务类经营所必需的。对咖啡馆，要从细节制度化上提升服务品质。例如,员工上班时不得抽烟、喝酒、玩手机,以免不能及时回应顾客;离开岗位时要交代其他人顶替,避免出现空岗而影响服务质量。

(4)咖啡文化培训

喝咖啡的顾客多注重品位,所以服务人员要对咖啡文化有一定的了解,包括咖啡的历史、咖啡的品种、咖啡的物质构成、制作工艺、咖啡礼仪等,这些都是服务人员的软实力。

3. 分工协作

分工协作可以提高工作效率,职责分明也可以找到对应的负责人,一旦出问题可点对点解决。首先要让所有员工了解店面的全部服务内容以及各自职责,以防因人员请假或离职造成岗位空缺而不能及时补位;其次是在运营过程中一定要对所有员工的职责进行划分,在划分职责时也要保持一定的灵活性,员工之间也要交叉学习,比如,服务区和咖啡制作区职责就要划分明确,但是都需熟练掌握所有制作流程。

二、产品质量

1. 物料控制

物料是保证质量的基础,物料主要包括咖啡类物料,以及制作饮品、水果茶、纯茶、冰沙等产品的所有物料。可以选择的物料至少有两家供货商,若某一家物料出现问题立即切换至另一家。要制定供货商供货标准,达到标准的产品方可采购使用。对需要保鲜的水果类产品要制定更加严格的管理制度。

2. 制作流程控制

制作流程是产品质量控制的重要环节。门店所有产品都要制定详细的制作流程,列出每个步骤处理的时间、方式等信息,加强流程化管理,既利于控制成本,又能保证每份同款产品口味一致,将产品服务做到最优。

3. 产品包装

产品包装是体现专业、格调和文化的载体,使用统一标识的包装可以更加凸显品牌效应,产品包装要外观精致、使用方便、设计精巧,让顾客加深印象。对于外送咖啡,要考虑盛放器具摇晃,遇到下雨天等特殊情况,做好相应的包装,以保证产品质量,让顾客享受到应有的品质。

三、外卖渠道

1. 建立外卖渠道

当前，以外卖为主的餐饮消费呈扩大趋势，外卖是工作日的重要出货渠道，是增加营业额的重要方式，咖啡外送已成为咖啡馆运营的重要部分，故而外卖渠道越早建立越好。

2. 网红外卖

网络传播能有效宣传品牌和产品，开通外卖后应精心打造网红店。网红店的基础是服务优、装修符合流行风格且产品质量佳，此外还需很多要素汇集才能成为网红店。第一是要有爆款单品，从包装到口味都要令人无法抗拒；第二是要镶嵌裂变基因，要找到好点子让裂变不断在店内外持续发生；第三是注重营销，通过不同方式让更多人知晓品牌，通过网红效应提高店铺销量。

3. 外卖流量抓取

使用外卖渠道存在两个弊端：一是外卖平台抽取的费用较高，令很多门店难以承受；二是这些流量属于外卖平台，与门店不能直接交互，难以对这些客户进行精准营销和社群运营。因此，还要通过其他线上方式留住顾客，如借助微信、抖音、公众号等，将顾客变成门店朋友圈好友。

4. 建立社群渠道

当网络渠道增加的顾客达到一定数量时，要及时建立客户服务群进行管理。建群不可盲目，要控制好人数、规划好人员地理位置分布，例如针对某一栋楼、某个社区、某些群体等。对这些群要有管理和奖励机制，要用各种方法使群内顾客活跃起来，但要注意不能占用顾客太多时间。

四、营销策略

1. 广告布设

为提升产品知名度，需在周边写字楼、大卖场、小区的关键位置布设广告，并遵循以下原则：第一，将广告置于显眼的位置，如电梯内、公司玻璃门等处；第二，保证广告的持续性，要美观简洁、深入人心、符合广告周围的环境，避免刚做好就被破坏；第三，广告应有趣，令人过目不忘，内容不宜过多，但关键信息不能少；第四，线上线下均要做广告，线上广告主要通过顾客的朋友圈分享和门店公众号发布，内容一定要吸引人，以防适得其反。

2. 社群营销

社群营销中最重要的是微信营销。微信朋友圈和微信群要保持一定的活跃度，但不可一次性发太多内容，以免因打扰顾客而被屏蔽、删除或者拉黑。在微信朋友圈或微信群里要经常发布美好、有趣、好玩的内容或大多数用户关心的信息，还可以不定时抽奖，通过现场领奖等方式让顾客体验服务并进行二次营销。除微信外，还有很多渠道可用于营销，比如 QQ 群、抖音等，要通过创新方式宣传，如展示咖啡制作流程、咖啡基本知识、咖啡功用等。也可以利用微博、咖啡社区、论坛等推广。

3. 活动运营

活动运营是改善经营状况的重要途径，活动运营的方法多样，根据不同目的可以设计不同的活动方案，下面介绍几种具体方案，实际运营中不限于这些活动，且需进行细化。

（1）利用合作推广销售

例如与超市或大卖场合作，以消费满赠的形式赠送代金券或产品，用折扣吸引消费者到店消费。还可与周边酒店合作，通过发放优惠券或代金券，在酒店常设免费赠饮等方式，吸引顾客。

（2）在节假日开展活动

在节假日或周末开展力度较大的优惠活动，活动内容要足够吸引眼球。

（3）举办小型活动进行宣传

例如不定期邀请顾客进店参加沙龙、读书活动等，提供免费桌游等游戏，同时注意引导顾客认知品牌和产品。

4. 建立会员卡制度

建立会员卡制度会损失部分利润，但会员卡制度是保证顾客黏性的重要手段。对会员提供更优质的服务，还可以在充值时赠送礼品，让会员亲身感受服务质量，吸引更多人关注和消费，这是会员制的隐性优势。

五、运营数据分析

1. 财务数据分析

财务数据是分析运营成果的基础，也是发现问题的便捷途径。要精准记录财务数据，日常记录应事无巨细，能记则记，如顾客下单时间、结账方式、产品需求、休息日和工作日各渠道的销售量等基本信息，以便进行合理的财务分析。通过财务数据分析调整产品策略,比如分析发现某产品的销量突增,就可以增加这类产品的数量;分析发现某时间段顾客增多,可以在店里按时增加人手;甚至通过顾客对产品的要求,分析当地顾客的口味,从而改进产品配方等。

2. 外卖和社群数据分析

对于外卖渠道,要记录准确的销售量、销售时间、销售产品、销售集中的时间段等详细信息;对于社群渠道,要详细记录不同地址、群体、时间段的消费特征,研究顾客的喜好,便于分析外卖和社群的特点并调整产品策略,还可以试探不同产品在不同渠道中的差别,以找出最佳的产品组合,这也是改进服务的方式之一。

3. 数据分析反馈

数据最重要的用途是使财务清晰,此外也是分析产品销量、消费时段等信息的重要依据,根据这些数据信息对现有的产品结构作出调整,优化资源配置,提升利润率。

六、员工激励制度

1. 激励基本框架

员工的高效协作是保证产品质量与服务水平的基础,只有引进激励机制,将员工的利益与门店的利益绑在一起,员工才甘愿为门店多做贡献。激励的基本原则包含以下几条:一是对于优秀的员工要给予现金奖励,激励大家工作更出色;二是对不同劳动强度的人员要给予不同的薪酬,比如门店送外卖的员工非常辛苦,就应多付薪水;三是门店的业绩与员工的薪酬挂钩,业绩越好薪酬越高。

2. 公开与透明

激励制度要公开,评比要民主化,让员工感受到公平。激励应尽量量化并形成制度,以制度保障门店的良性运营。要注重经验积累,及时改进员工不满之处,以防陷入被动产生负面效应。

课程 7 咖啡电商平台运营

一、认识电子商务平台

1. 电子商务平台

电子商务平台,通常简称为电商平台,是指为企业或个人提供网上交易洽谈的平台。电子商务平台建立在互联网上,是进行商务活动的虚拟网络空间和保障商务顺利运营的管理环境,是协调、整合信息流、物流、资金流有序、关联、高效流动的重要场所。

2. 电子商务平台的作用

电子商务建设的目的是发展业务与应用,因此有必要建立一个业务发展框架系统,规范网上业务开展,提供完善的网络资源、安全保障、安全的网上支付流程和有效的管理机制,有效实现资源共享,实现真正的电子商务。电子商务平台的作用如下。

(1)建立起电子商务服务的门户站点。

(2)能够有效地在互联网上构架安全的和易于扩展的业务框架体系。

(3)让用户通过多种途径了解、认知或购买商品。

(4)营造互联网商城,实现低成本、快速盈利。

(5)为同行业中已经拥有电子商务平台的用户,提供更专业的电子商务平台解决方案。

二、构建或选择优质的电子商务平台

咖啡店铺电商运营平台主要指的是那些为咖啡商家提供线上营销、物流等

服务的电子商务平台。以下是一些主要的电商平台及其特点。

1. 综合性电子商务平台

综合性电子商务平台主要是指能够提供多种商品、服务的电子商务平台。下面对淘宝/天猫、京东、拼多多等综合性电子商务平台进行简要介绍。

（1）淘宝/天猫

淘宝/天猫是亚太地区较大的网络购物平台，由阿里巴巴集团创立。淘宝网的用户门槛极低，几乎所有人都可以注册成为淘宝用户，在淘宝中进行交易。淘宝电商平台商品种类非常多，给人们购物带来了极大的方便，也由此得到了大众的支持与喜爱。淘宝通过提供网络销售平台等基础性服务，帮助更多企业开拓市场、建立品牌，使更多人实现网络创业、就业的梦想。该平台具有以下特点。

1）用户基础庞大。淘宝和天猫拥有庞大的用户基础，能够为咖啡店铺带来大量的潜在客户。

2）营销工具丰富。平台提供了多种营销工具，如优惠券、秒杀、直播带货等，帮助商家提升销售额。

3）物流体系完善。与多家物流公司合作，为商家提供便捷的物流服务，确保商品能够及时送达消费者手中。

4）数据分析支持。提供丰富的数据分析工具，帮助商家了解消费者行为、优化商品结构、提升运营效率。

适用场景：便于运输储存的咖啡产品。如一些知名的咖啡品牌的即饮咖啡。

（2）京东

京东商城是一家专业的综合网上购物商城，销售数万种品牌、超四千万种商品，包括家电、手机、母婴用品、服装等品类。京东商城是自营模式（B2C模式），它有自己的仓库与物流，京东商城中大部分商品都是京东自主经营的（产品链接中会出现"自营"字样以区分商品及提示消费者）。该平台有以下特点。

1）品质保障。京东以自营和第三方商家相结合的方式运营，对商品品质有较为严格的把控。

2）物流配送快速。京东物流以其高效的配送服务著称，能够提升消费者的购物体验。

3）金融服务完善。京东金融为商家和消费者提供了便捷的支付和融资服务。

适用场景：适合注重品质和服务体验的咖啡品牌入驻。

（3）拼多多

拼多多是"拼购"网站，其产品类目多、优惠力度大，有的产品甚至不用拼团就能享受优惠，产品整体价格是低于其他电商平台，拥有稳定的消费群体。该类型平台具有以下特点。

1）价格优势。拼多多以低价策略吸引消费者，适合价格敏感的咖啡产品。

2）社交电商模式。通过社交分享和团购等方式，促进商品销售。

适用场景：适合主打性价比的咖啡品牌或推出低价促销活动的商家。

2. 垂直电子商务平台

垂直电子商务平台是指在某一个行业或细分市场深化运营的电子商务模式，其网站旗下商品主要经营同一类型的产品，具有以下平台特点。

（1）专注咖啡领域

如中国咖啡商城网等垂直电商平台专注于咖啡领域，为商家提供更为专业的服务和支持。

（2）供应链整合

能够整合咖啡产业链上下游资源，为商家提供从咖啡豆采购到成品销售的全方位服务。

适用场景：适合希望在咖啡领域内精耕细作、建立专业形象的商家。

3. 社交媒体电子商务平台

社交媒体电商平台主要指社交媒体与电子商务相结合形成社交电子商务模式，将关注、分享、沟通、讨论、互动等社交化的元素应用于电子商务交易过程，如，淘宝的"微淘"、京东的"发现"等购物分享社区，还有微博、小红书、抖音等平台的购物功能。主要有以下特点。

（1）社交媒体属性

如微信小程序、抖音小店等，具有社交媒体属性，便于商家进行品牌推广和粉丝互动。

（2）流量变现

通过社交媒体平台的流量优势，帮助商家实现流量变现。

适用场景：适合注重品牌建设和粉丝互动的咖啡品牌。

除了上述电子商务平台，还有海外购电商平台、农村电商平台等。咖啡店铺在选择电商运营平台时，应根据自身品牌定位、目标客户群体、产品特点等因素进行综合考虑。同时，也需要关注平台的用户基础、营销工具、物流体系、数据分析等方面的能力，以确保能够在平台上实现良好的销售业绩和品牌影响力。

三、咖啡电子商务平台运营

网上开店平台的选择很重要。一般而言，自设服务器成本高昂，低成本的做法是选择一个提供网络交易服务的平台，注册成为交易平台的卖家。大多数平台会要求用真实姓名和身份证等有效证件进行注册。在选择交易服务平台时，平台的人气高低、是否收费及收费标准等都是十分重要的指标。

1. 咖啡电商店铺运营规划制定

咖啡电商店铺运营规划需结合市场情况，从产品、价格、销售目标、推广、促销活动等方面制定。

（1）产品方面

应先明确咖啡产品，以市场竞争相对较小、卖家有自身优势的产品为切入点，培养电商运营团队，合理规划发展路径和定位。

（2）价格方面

卖家根据自身情况，分析使用低价策略或中高端价位策略。

（3）销售目标方面

先确定店铺年销售额目标，再按照时间分出季度、月度目标；按照产品分出引流款、活动款、利润款和形象款销售额等目标。

（4）推广方面

确定销售额目标后，要制定对应的推广规划。利用平台推广工具（如直通车、超级推荐等），研究排名规划并优化推广方案，获取精准流量。

（5）促销活动方面

制定促销活动规划，参加平台官方促销活动。用好各模块产生的数据，分析执行规划过程中的问题。将整体运营目标拆解到各个岗位，形成各个岗位的工作目标。

2. 产品运营

（1）咖啡产品定价

咖啡产品定价是咖啡电商运营中极为重要的环节之一。定价不仅会影响咖啡的销售额和利润，还会影响品牌形象和市场竞争力。进行产品定价时，需要综合考虑成本、市场需求、竞争对手的定价和目标客户的支付能力等要素，才能确定合理的价格。

（2）咖啡卖点打造

产品卖点是指产品的特点和优势。咖啡运营要挖掘和展示卖点，吸引目标客户关注并购买。咖啡的卖点包括咖啡的品质、功能、外观、服务等方面，主要根据自身特点和目标客户的需求来确定。

（3）打造爆款咖啡

爆款咖啡不仅能够带来高销售额和利润，还能够提高品牌知名度和竞争力。打造爆款咖啡时，要关注社交媒体，研究竞品以及与客户互动来确定当前热门趋势，据此确定咖啡的设计、定价、营销策略等，打造契合市场需求的爆款咖啡。

3. 流量运营

流量运营是实现销售目标的关键。通过有效的流量转化和留存，能将潜在客户转化为实际客户，提高客户的忠诚度和复购率，为电商平台带来更多的收益。

（1）流量增长

流量是指访问电商店铺的人数，运营人员可借助不同策略来增加流量。具体包括：依电商平台内部渠道规则，通过店铺免费优化提升展示排名；利用平台内部竞价机制排名获取流量，此为付费推广；借助平台外部推广，例如社群推广、第三方分销平台等。

（2）流量转化

流量转化是指将访问电商平台的潜在客户转化为实际客户，以实现订单和收益的过程。以下是提高流量转化的关键点。

1）产品卖点。电商运营时，根据产品的特点和优势，进行有效的宣传和推广，吸引潜在客户。

2）页面设计。页面设计是影响流量转化的重要因素之一。通过清晰的页面布局、醒目的产品图片和文字描述等方式，提高客户的购物体验和信任度。

3）购买体验。购买体验是影响流量转化的另一重要因素。需以简单方便的购买流程及安全快捷的支付方式，提高客户的购买意愿和信任度。

4）促销活动。促销活动是提高流量转化的有效手段之一。可以通过发放优惠券、满减活动等方式，吸引潜在客户的购买和留存。

5）用户评价。用户评价是提高流量转化的重要因素之一。鼓励用户评价，可提升产品的口碑和信任度,进而提高流量转化率。

（3）流量留存

流量留存是指留住已有电商平台客户,增强客户的忠诚度和复购率,以实现销售目标。以下是提高流量留存的关键点。

1）用户服务。电商运营时,要提供优质的服务,及时解决客户的问题并反馈,提升客户的满意度和忠诚度。

2）会员制度。通过会员制度,给客户更多的优惠和优质服务,提升客户的忠诚度和复购率。

3）个性化推荐。通过对客户行为和偏好的分析,提供个性化的产品和服务,提升客户的购买和留存意愿。

4）营销活动。通过定期的营销活动,如节日促销、新品上市等方式,提升客户的留存意愿和忠诚度。

4. 用户运营

用户运营包括对已有客户的维护、提升客户价值、促进客户复购以及吸引新客户等方面。以下是电商运营中的客户运营的关键点。

（1）消费者画像

消费者画像是指对客户的基本信息、消费习惯、需求特点等进行有效分析和归纳,以便更好地为客户提供个性化的产品、服务,并进行有针对性的营销。

（2）个性化推荐

基于消费者画像为客户精准推荐商品和服务,以提高客户购买意愿和满意度。需借助数据分析、算法等技术手段,实现个性化推荐。

（3）营销活动

通过定期的促销、优惠、礼品等形式,激励客户购买和复购。

（4）客户服务

客户服务是提高客户满意度和忠诚度的关键。要提供快速、准确、周到的服务,及时处理用户的问题并反馈。

（5）社交化运营

社交化运营是提高客户参与度和品牌影响力的重要途径。需要通过社交媒体、社区等渠道,与客户互动交流,树立品牌形象和口碑。

（6）客户关怀

客户关怀是提高客户忠诚度和价值的重要手段。通过定期问候、祝福、关怀等方式，增强客户的情感认同和忠诚度。

（7）客户反馈

客户反馈是提高客户满意度和品牌形象的重要举措。倾听客户的声音，及时了解客户的需求和反馈，并根据实际情况调整和优化服务。

5. 店铺推广

在开设电商店铺并确定咖啡产品后，需要着手推广店铺，要考虑多种渠道和方式来吸引目标客户的关注和购买。

（1）搜索引擎优化

通过优化店铺页面、增加关键词等方式，提高店铺在搜索引擎中的排名，提升目标客户的流量。

（2）社交媒体营销

通过社交媒体平台（如微博、微信、抖音、小红书、快手等），推广店铺和产品，吸引目标客户的关注并进行分享。

（3）广告投放

通过广告投放，扩大店铺和产品的曝光度，吸引目标客户关注和购买。

（4）营销活动

通过举办促销活动、发放优惠券、赠送礼品等方式，吸引目标客户购买和客户留存。

6. 制定营销策略

（1）有效的营销策略

综合利用搜索引擎优化、社交媒体营销、内容营销和付费广告等手段，将电商店铺推广给更多的潜在客户。此外，可以建立并维护积极参与的社区，促进用客之间的互动和口碑传播。

（2）品牌推广

注重品牌推广，与营销企业合作，与知名咖啡博主、烘焙师和美食家合作，让其体验并推荐产品，提高品牌知名度。

（3）社交媒体营销

在微博、微信、抖音等社交平台上发布咖啡知识、烘焙技巧和实用教程实施推广。

（4）会员计划

通过会员制，鼓励用户多次购买和推荐产品，建立忠实客户群体。

模块 9
食品安全相关法律及咖啡标准体系基础知识

课程 1 食品安全知识

食品在生产、运输、储存、销售等环节中可能受到生物性、化学性及物理性有毒有害物质的污染，威胁人体健康。因各类食品本身的理化性质及所处环境不同，其存在的卫生问题既有共同点，也有不同之处。研究并掌握各类食品及食品加工的卫生问题和卫生管理要求，有利于采取适当的措施保障食品安全。本课程重点介绍食品卫生安全知识及冷冻饮品与饮料的卫生及管理。

一、相关概念

1. 食品卫生

食品卫生是指为确保食品安全性和适用性，在食物供应链的所有阶段必须采取的一切条件和措施。

2. 食品卫生安全

食品的基本要求是卫生和必要的营养，其中食品卫生是食品的最基本要求。强调保证食品卫生，是解决吃得干净与否、有害无害、有毒无毒的问题，也就是食品安全与卫生的问题。食品卫生是创造和维持一个有益于人类健康的生产环境，必须在清洁的生产加工环境中，由身体健康的食品从业人员加工食品，同时使引起食品腐败微生物的繁殖减少到最低程度，防止因微生物污染食品而引发食源性疾病。

食品安全以食品卫生为基础，包含卫生的基本含义，即"食品应当对人体无毒、无害"。

3. 食品质量概念

食品质量指食品满足消费者明确或者隐含的需求特性，包括功用性、卫生性、营养性、稳定性和经济性。

4. 食品质量安全

食品质量安全指食品产品品质的优劣，包括食品的外观和内在品质，如感官指标、内质指标。食品要符合产品标准规定的营养要求和感官性状要求。

5. 食品营养安全

按照联合国粮农组织解释，营养安全是"在人类的日常生活中，要有足够、平衡的，并且含有人体发育必需的营养元素供给，以达到完善的食品安全。"

食品的营养成分要平衡，结构要合理。食品必须要有营养，如蛋白质、脂肪、维生素、矿物质、纤维素等各种人体生理需要的营养素要达到国家相应的产品标准，要能促进人体的健康。如果食品达不到国家相应的产品标准，这种食品在营养上就是不安全的。

6. 食品数量安全

食品数量安全是指食品数量满足人民的基本需要，要求人们既能买得到、又能买得起基本食品。

7. 食品生物安全

食品生物安全是指现代生物技术的研发、应用以及转基因生物的跨国越境转移，可能会对生物多样性、生态环境和人体健康及生命安全产生不利影响，特别是各类转基因生物体释放到环境中可能对生物多样性构成潜在风险与威胁。

8. 食品可持续性安全

从发展的角度出发，要求食品的获取要注重生态环境保护和资源利用的可持续性。

二、食品污染

食品污染是指食品受到有害物质侵袭，致使食品的质量、营养性和感官性状发生改变的过程。随着科学技术的发展，各种化学物质的不断产生和应用，有害物质的种类和来源越发繁杂。根据污染物的性质，食品污染可分为生物性污染、化学性污染、物理性污染。因微生物及其毒素、病毒、寄生虫及其虫卵等对食品的污染造成的食品质量安全问题为食品的生物性污染。因化学物质对食品的污染造成的食品质量安全问题为食品的化学性污染。目前危害最严重的是化学农药、重金属、多环芳烃类化合物等化学污染物，滥用食品加工工具、食品容器、食品添加剂、植物生长促进剂等也是造成食品化学污染的重要因素。

食品的物理性污染通常指食品生产加工过程中的杂质超过规定含量，或食品吸附、吸收外来的放射性核素引发的食品质量安全问题。

食品污染造成的危害可以归结为：影响食品的感官性状；造成急性食物中毒；引发机体的慢性危害。

三、食源性疾病

世界卫生组织（WHO）认为，凡是通过摄食进入人体的致病因素，使人体患感染性的或中毒性的疾病，都称之为食源性疾患。从这个概念出发应当不包括那些与饮食有关的慢性病、代谢病，如糖尿病、高血压等，然而也有人把这类疾病归为食源性疾患的范畴。顾名思义，凡与摄食有关的一切疾病（包括传染性和非传染性疾病）均属食源性疾病。

1984年WHO将"食源性疾病"（foodborne diseases）一词作为正式的专业术语，以代替历史上使用的"食物中毒"一词，并将食源性疾病定义为"通过摄食方式进入人体内的各种致病因子引起的通常具有感染或中毒性质的一类疾病"。

在食源性疾病暴发流行过程中，食物本身并不致病，只是起了携带和传播病原物质的媒介作用。导致人体罹患食源性疾病的病原物质是食物中所含有的各种致病因子。人体摄入食物中所含有的致病因子，可以引起以急性中毒或急性感染两种病理变化为主要发病特点的各类临床综合征。食源性疾病可以有病原，也可有不同的病理和临床表现。但是，这类疾病有一个共同的特征，即通过进食行为而发病，这就为预防这类疾病提供了一个有效的途径：加强食品卫生监督管理、倡导合理营养，控制食品污染，提高食品卫生质量，可有效地预防食源性疾病的发生。

四、冷冻饮品与饮料的卫生及管理

冷冻饮品与饮料是日常生活中不可缺少的食品，其具有消暑、解渴、补充水分和营养素的功能。冷冻饮品是以饮用水、食糖、乳、乳制品、果蔬制品、豆类、食用油脂等中的几种为主要原料，添加或不添加其他辅料、食品添加剂、食品营养强化剂，经配料、巴氏杀菌或灭菌、凝冻或冷冻等工艺制成的固态或半固态食品。饮料是经过定量包装的，供直接饮用或用水冲调饮用的，乙醇含量不超过质量分数为0.5%的制品。

1. 冷冻饮品与饮料的分类

冷冻饮品按照原料、工艺及产品性状分为冰激凌、雪糕、冰棍、雪泥、甜味冰和食用冰等。饮料按照原料或产品性状分为包装饮用水、果蔬汁及其饮料、蛋白饮料、碳酸饮料（汽水）、特殊用途饮料、风味饮料、茶（类）饮料、咖啡（类）饮料、植物饮料、固体饮料及其他类饮料。

2. 冷冻饮品与饮料生产的卫生要求

（1）原辅材料

1）原料用水。原料用水一般采用自来水、井水、矿泉水（或泉水）等原水，均含有一定量的无机物、有机物和微生物。因此，冷冻饮品与饮料的原料用水须经沉淀、过滤、消毒，达到《生活饮用水卫生标准》（GB 5749—2022）的规定，并符合加工工艺的要求，如水的总硬度应低于 450 mg/L（以 $CaCO_3$ 计），避免钙、镁等离子与有机酸结合形成沉淀物而影响饮料的风味和质量。

2）其他原辅材料。如乳、蛋、果蔬汁、豆类、茶叶、甜味料以及各种食品添加剂等，均须符合国家相关的标准或规定。特殊用途的饮料中严禁添加国家颁布的禁用物品和销售国家颁布的禁用药物。为增加营养价值而加入食品中的天然或人工合成营养素，其使用范围及使用量应符合《食品安全国家标准 食品营养强化剂使用标准》（GB 14880—2012）的要求。碳酸饮料所使用的二氧化碳应符合《食品安全国家标准 食品添加剂 二氧化碳》（GB 1886.228—2016）的要求，必要时应净化处理。可乐型碳酸饮料中咖啡因含量不得超过 0.15 g/kg。

（2）食品接触材料及制品

冷冻饮品与饮料所用的食品接触材料及制品有瓶（玻璃瓶、塑料瓶）、罐（二片罐和三片罐）、盒、袋等多种类型，其所用材料应无毒无害，具有一定的稳定性（耐酸、耐碱、耐高温和耐老化），同时还应具有防潮、防晒、防震、耐压、防紫外线穿透和保香等性能。聚乙烯和聚氯乙烯软包装，具有透气且强度低，不能充二氧化碳等缺点，在夏、秋季节易受细菌污染，应严加限制。回收使用的玻璃瓶需考虑爆瓶安全性能要求，其他包装容器不允许回收使用。

（3）生产过程

1）冷冻饮品。微生物污染是冷冻饮品在生产过程中的主要卫生问题，其原因是原料中的乳、蛋和果品常含有大量微生物。因此，原料配制后的杀菌与冷却是保证产品安全质量的关键环节。68~73 ℃加热 30 min 或 85 ℃加热 15 min，能杀灭原辅料中几乎所有的繁殖型细菌，包括致病菌（混合料应适当提高加热温度或延长加热时间）。杀菌后应迅速冷却，至少要在 4 h 内将温度降至 20 ℃以下，以避免残存的或外界微生物在冷却过程中有繁殖的机会。冰激凌原料在杀菌后常采用循环水和热交换器进行冷却。冰棍雪糕普遍采用热料直接灌模，以冰水冷却后立即冷冻成型，这样可以保证产品的卫生质量。

冷冻饮品生产过程中所使用设备、管道、模具，其材质应符合国家的有关标准，防止铅等重金属对冷饮食品的污染；在冷水熔冻脱膜时，应避免模具的模边、模底上的冷冻液污染冰体。包装间应于班前、班后对空气进行消毒，产品包装操作人员应注意个人卫生，成品出厂前应做到批批检验。

2）饮料的生产过程一般包括水处理、容器处理和原辅料处理、杀菌、罐（包）装等工序。

①水处理。目的是除去水中固体物质、降低硬度和含盐量，杀灭微生物及排除所含的空气，为饮料生产提供优良的水质。天然水中的杂质包括悬浮物、胶体物质和溶解性杂质。利用混凝剂（明矾、硫酸铝、聚合氯化铝等）和过滤（一般采用活性炭和砂滤棒过滤）处理，可去除水中悬浮物和胶体物质，通常作为饮料用水的初步净化手段。水中溶解性杂质离子主要有 K^+、Ca^{2+}、Mg^{2+}、Na^+、Fe^{3+}、HCO_3^-、SO_4^{2-}、Cl^- 等，其总量称作含盐量，饮料用水含盐量高会直接影响产品的质量，因此，必须对其进行脱盐软化处理。

②容器处理和原辅料处理。各种包装容器必须符合国家相关卫生标准，并在使用前进行消毒、清洗。原辅料的采购必须符合采购标准，投产前的原辅料应做感官检查并进行严格检验，不合格或过期的原料不得使用，易腐败变质的原料应及时加工，未处理的原料应冷藏或冷冻，置于原料储存场所妥善管理，防止污染或腐败变质。检验不合格的原料，应明确标示"检验不合格"并作隔离处理。

③杀菌。应根据原辅料、工艺的不同采用不同的杀菌技术。常用的杀菌方法有巴氏消毒、超高温瞬间杀菌、加压蒸汽杀菌（适用于非碳酸型饮料）、紫外线杀菌（常用于原料用水的杀菌）等。

④灌（包）装。灌（包）装通常在暴露和半暴露条件下进行，其工艺是否符合卫生要求，对产品的卫生质量尤其是无终产品消毒的产品至关重要。空气净化是防止微生物污染的重要环节，应将灌装工序设在单独房间或用铝合金隔成独立的灌装间，与厂房其他工序隔开，避免空气交叉污染。对灌装间消毒可采用紫外线照射、过氧乙酸熏蒸、安装空气净化器等方法。

灌（包）装前，空瓶（罐）必须经过严格的清洗和消毒，洗消后的空瓶（罐）、盖必须抽样做细菌检验，菌落总数不得超过 50 CFU/瓶（罐或盖），大肠菌群不得检出。灌装前还须进行灯下检查，剔除不合格的空瓶。灌装设备、管道、冷却器等材质应符合相关的卫生要求。

（4）包装、储存和运输

产品包装应严密、整齐、无破损。应设专人检查封口的密闭性，封口密闭性检验方法应有效，剔除密封不严或破损产品。产品标签应符合相应标准的规定。产品应储存在干燥、通风良好的场所，不得与有毒、有害、有异味、易挥发、易腐蚀的物品同处储存。运输产品时应避免日晒、雨淋。不得野蛮装卸、损坏产品。不得与有毒、有害、有异味或影响产品质量的物品混装运输。

（5）出厂前检验

冷冻饮品和饮料生产企业应有与生产能力相适应的卫生质量检验室，做到成品批批检验，确保合格产品出厂。

（6）追溯与撤回

冷冻饮品和饮料生产企业应建立产品的可追溯系统，确保从原辅料到成品的标志清楚，具有可追溯性，实现从原辅料验收到产品出库、从产品出库到销售的全过程追溯。产品的撤回程序明确规定产品撤回的方法、范围等，并记录存档。

3. 冷冻饮品与饮料的卫生管理

我国已颁布了《食品安全国家标准 饮料生产卫生规范》（GB 12695—2016）、《饮料通则》（GB/T 10789—2015）、《食品安全国家标准 冷冻饮品和制作料》（GB 2759—2015）及《食品安全国家标准 饮料》（GB 7101—2022）等相关的标准，为冷冻饮品和饮料的监督管理及生产企业的自身管理提供了充分的依据。

根据《中华人民共和国食品安全法》，相关部门可依据法律规定的权限，对冷冻饮品和饮料卫生实施监管工作。建立健全冷冻饮品和饮料生产经营者食品安全信用档案，对有不良信用记录的生产经营者增加监督检查频次；各监督管理部门依据各自职责公布冷冻饮品和饮料安全日常监督管理信息，做到准确、及时、客观，并应相互通报获知的冷冻饮品和饮料食品安全信息，做到信息通报的无缝连接，保证消费者的安全。

课程 2
食品生产安全法律法规知识

自 20 世纪 80 年代以来,一些国家以及有关国际组织逐步以食品安全的综合立法替代了卫生、质量、营养等要素立法,对食品安全管控的力度逐步加大。

一、我国现行食品安全法律法规体系概况

我国食品安全相关法律法规也经历了数十年的发展,目前形成了以《中华人民共和国食品安全法》(以下简称《食品安全法》)为基础和核心的法律法规及标准体系,包括《中华人民共和国产品质量法》《中华人民共和国农产品质量安全法》《中华人民共和国食品安全法实施条例》《进出口食品安全管理办法》《网络食品安全违法行为查处办法》等一系列国家和地方法律法规以及食品安全相关国家、地方和行业标准。

《食品安全法》于 2009 年 6 月 1 日起施行。党的十八大以来,党中央、国务院进一步改革完善我国食品安全监管体制,着力建立最严格的食品安全监管制度,积极推进了食品安全社会共治格局,为了以法律形式固定监管体制改革成果、完善监管制度机制,解决食品安全领域存在的突出问题,以法治方式维护食品安全,为最严格的食品安全监管提供体制制度保障,2015 年 4 月 24 日第十二届全国人民代表大会常务委员会第十四次会议对《食品安全法》进行了修订,2018 年 12 月 29 日第十三届全国人民代表大会常务委员会第七次会议进行第一次修正,随后在 2021 年 4 月 29 日第十三届全国人民代表大会常务委员会第二十八次会议进行了第二次修正。《食品安全法》的实施对规范食品生产经

营活动、保障食品安全发挥了重要作用，食品安全整体水平得到提升，管理体系不断完善，社会共同参与监管不断加强，食品安全形势总体稳中向好。

现行的《食品安全法》包括10章、154条，总体上完善了五个方面：第一，明确监督管理体制，明确食用农产品监管职责、明确规定食品安全标准制定部门、明确进出口食品监管部门、明确基层政府参与食品安全监督；第二，加强食品风险管控，完善食品安全基础性制度、增加食品安全风险交流制度、加强食品安全风险分级管理、增加食品安全追溯制度；第三，强化食品安全源头管理，明确食用农产品风险检测和风险评估、严格规范农业农药及饲料等使用、规范食用农产品销售；第四，强化食品安全生产经营者主体责任，明确企业主要负责人对食品安全全面负责、生产经营过程控制要求、食品安全管理人员抽查考核、食品安全风险自查制度、增加食品经营召回义务；第五，完善食品安全治理制度，完善了食品检验和复检制度、加强快速检测方法、增加责任约谈制度、强化检查结果公开制度、强化信息核实和贡献褒奖制度。

《食品安全法》按照最严厉的处罚、最严肃的问责，加大了对各类违法行为的惩处力度，被人们冠以"史上最严"的称号。新法之"严"主要体现在以下八个方面。

1. 刑事责任优先

对各类食品安全违法行为，监管部门首先要进行责任判断。构成刑事责任的，按照有关规定移交司法机关处理依法追究刑事责任；未构成刑事责任的，由执法监管部门按照行政相关法律进行处理。

2. 违法行为最高可处30倍罚款

修订后的《食品安全法》提高了财产处罚的数额，最高可达违法生产经营的食品货值金额的30倍。

3. 增加行政拘留和治安管理处罚

如违法使用剧毒、高毒农药，除依照相关法律法规给予行政处罚外，可由公安机关给予拘留。再如，编造、散布虚假信息，违反治安管理规定的，可予以治安管理处罚。

4. 资格处罚力度加大

例如，食品检验机构或者检验人员出具虚假检验报告，可由授予其资质的主管部门或者机构撤销该检验机构的检验资质。

又如，被吊销许可证的食品生产经营者及其法定代表人、直接负责主管人员或其他直接责任人员，自处罚决定作出之日起，五年内不得申请生产经营许可，不得从事食品生产经营管理工作，不得担任食品生产经营企业食品安全管理人员。

5. 一年累计三次违法责令停产至吊销许可证

食品生产经营者在一年之内累计三次因违反本法规定受到责令停产停业、吊销许可证以外处罚的，由食品安全监督管理部门责令停产停业，直至吊销许可证。

6. 网购食品交易出现问题第三方平台的责任

《食品安全法》将网购食品纳入监管范围，并强化了网络食品交易第三方平台提供者对商家的审查义务，规定了在网络购买食品的消费者权益受到损害时，如果网络食品交易第三方平台提供者不能提供入网食品经营者的真实信息和有效联系方式的，由网络食品交易第三方平台提供赔偿。网络食品交易第三方平台提供赔偿后，有权向入网食品经营者或者食品生产者追偿。使互联网食品交易中的食品安全、消费者权益保护问题能够落实责任的承担者，保证消费者在互联网食品交易所产生的交易纠纷能够切实得到解决。

7. 惩罚性赔偿最低赔偿1 000元

生产不符合食品安全标准的食品或者经营明知是不符合食品安全标准的食品，消费者除要求赔偿损失外，还可以向生产者或者经营者要求支付价款十倍或者损失三倍的赔偿金；增加赔偿的金额不足1 000元的，支付金额为1 000元。

8. 确立首负责任制

消费者因不符合食品安全标准的食品受到损害的，可以向经营者要求赔偿损失，也可以向生产者要求赔偿损失。接到消费者赔偿要求的生产经营者，应该实行首负责任制，先行赔付，不得推诿。责任确定后，属于生产者责任的，经营者赔偿后可以向生产者追偿；属于经营者责任的，生产者赔偿后有权向经营者追偿。这种制度有利于保护消费者合法权益。

二、《食品安全法》对食品生产经营的法律规定

《食品安全法》在食品原料、生产、经营等各个环节进行了详细的规定，从食品生产各阶段对食品安全加以保障。以下介绍食品生产经营过程中应知晓的部分相关法律规定。

1. 一般规定

食品生产经营应当符合食品安全标准，并符合下列要求。

（1）具有与生产经营的食品品种、数量相适应的食品原料处理和食品加工、包装、储存等场所，保持该场所环境整洁，并与有毒、有害场所以及其他污染源保持规定的距离。

（2）具有与生产经营的食品品种、数量相适应的生产经营设备或者设施，有相应的消毒、更衣、盥洗、采光、照明、通风、防腐、防尘、防蝇、防鼠、防虫、洗涤以及处理废水、存放垃圾和废弃物的设备或者设施。

（3）有专职或者兼职的食品安全专业技术人员、食品安全管理人员和保证食品安全的规章制度。

（4）具有合理的设备布局和工艺流程，防止待加工食品与直接入口食品、原料与成品交叉污染，避免食品接触有毒物、不洁物。

（5）餐具、饮具和盛放直接入口食品的容器，使用前应当洗净、消毒。炊具、用具用后应当洗净，保持清洁。

（6）储存、运输和装卸食品的容器、工具和设备应当安全、无害，保持清洁，防止食品污染，并符合保证食品安全所需的温度、湿度等特殊要求，不得将食品与有毒、有害物品一同储存、运输。

（7）直接入口的食品应当使用无毒、清洁的包装材料、餐具、饮具和容器。

（8）食品生产经营人员应当保持个人卫生，生产经营食品时，应当将手洗净，穿戴清洁的工作衣、帽等；销售无包装的直接入口食品时，应当使用无毒、清洁的容器、售货工具和设备。

（9）用水应当符合国家规定的生活饮用水卫生标准。

（10）使用的洗涤剂、消毒剂应当对人体安全、无害。

（11）法律、法规规定的其他要求。

非食品生产经营者从事食品储存、运输和装卸的，应当符合上述第六项的规定。

禁止生产经营下列食品、食品添加剂、食品相关产品。

1）用非食品原料生产的食品或者添加食品添加剂以外的化学物质和其他可能危害人体健康物质的食品，或者用回收食品作为原料生产的食品。

2）致病性微生物、农药残留、兽药残留、生物毒素、重金属等污染物质以及其他危害人体健康的物质含量超过食品安全标准限量的食品、食品添加剂、食品相关产品。

3) 用超过保质期的食品原料、食品添加剂生产的食品、食品添加剂。

4) 超范围、超限量使用食品添加剂的食品。

5) 营养成分不符合食品安全标准的、专供婴幼儿和其他特定人群的主辅食品。

6) 腐败变质、油脂酸败、霉变生虫、污秽不洁、混有异物、掺假掺杂或者感官性状异常的食品、食品添加剂。

7) 病死、毒死或者死因不明的禽、畜、兽、水产动物肉类及其制品。

8) 未按规定进行检疫或者检疫不合格的肉类，或者未经检验或者检验不合格的肉类制品。

9) 被包装材料、容器、运输工具等污染的食品、食品添加剂。

10) 标注虚假生产日期、保质期，或者超过保质期的食品、食品添加剂。

11) 无标签的预包装食品、食品添加剂。

12) 国家为防病等特殊需要明令禁止生产经营的食品。

13) 其他不符合法律、法规或者食品安全标准的食品、食品添加剂、食品相关产品。

国家对食品生产经营实行许可制度。从事食品生产、食品销售、餐饮服务，应当依法取得许可。但是，销售食用农产品，不需要取得许可。县级以上地方人民政府食品药品监督管理部门应当依照《中华人民共和国行政许可法》的规定，审核申请人提交《食品安全法》规定要求的相关资料，必要时对申请人的生产经营场所进行现场核查；对符合规定条件的，准予许可；对不符合规定条件的，不予许可并书面说明理由。

利用新的食品原料生产食品，或者生产食品添加剂新品种、食品相关产品新品种，应当向国务院卫生行政部门提交相关产品的安全性评估材料。国务院卫生行政部门应当自收到申请之日起六十日内组织审查；对符合食品安全要求的，准予许可并公布；对不符合食品安全要求的，不予许可并书面说明理由。

生产经营的食品中不得添加药品，但是可以添加按照传统既是食品又是中药材的物质。按照传统既是食品又是中药材的物质目录由国务院卫生行政部门会同国务院食品药品监督管理部门制定、公布。

国家对食品添加剂生产实行许可制度。从事食品添加剂生产，应当具有与所生产食品添加剂品种相适应的场所、生产设备或者设施、专业技术人员和管理制度，并依照《食品安全法》规定的程序，取得食品添加剂生产许可。生产食品添加剂应当符合法律、法规和食品安全国家标准。食品添加剂应当在技术上确有必要且经过风险评估证明安全可靠，方可列入允许使用的范围；有关食品安全国家标准应当根据技术必要性和食品安全风险评估结果及时修订。食品生产经营者应当按照食品安全国家标准使用食品添加剂。

生产食品相关产品应当符合法律、法规和食品安全国家标准。对直接接触食品的包装材料等具有较高风险的食品相关产品，按照国家有关工业产品生产许可证管理的规定实施生产许可。质量监督部门应当加强对食品相关产品生产活动的监督管理。

国家建立食品安全全程追溯制度。食品生产经营者应当依照《食品安全法》的规定，建立食品安全追溯体系，保证食品可追溯。国家鼓励食品生产经营者采用信息化手段采集、留存生产经营信息，建立食品安全追溯体系。国务院食品药品监督管理部门会同国务院农业行政等有关部门建立食品安全全程追溯协作机制。地方各级人民政府应当采取措施鼓励食品的规模化生产和连锁经营、配送。国家鼓励食品生产经营企业参加食品安全责任保险。

2. 生产经营过程控制

食品生产经营企业应当建立健全食品安全管理制度，对职工进行食品安全知识培训，加强食品检验工作，依法从事生产经营活动。食品生产经营企业的主要负责人应当落实企业食品安全管理制度，对本企业的食品安全工作全面负责。

食品生产经营企业应当配备食品安全管理人员，加强对其培训和考核。经考核不具备食品安全管理能力的，不得上岗。食品药品监督管理部门应当对企业食品安全管理人员随机进行监督抽查考核并公布考核情况。监督抽查考核不得收取费用。

食品生产经营者应当建立并执行从业人员健康管理制度。患有国务院卫生行政部门规定的有碍食品安全疾病的人员，不得从事接触直接入口食品的工作。从事接触直接入口食品工作的食品生产经营人员应当每年进行健康检查，取得健康证明后方可上岗工作。

食品生产企业应当就下列事项制定并实施控制要求，保证所生产的食品符合食品安全标准。

（1）原料采购、原料验收、投料等原料控制。

（2）生产工序、设备、储存、包装等生产关键环节控制。

（3）原料检验、半成品检验、成品出厂检验等检验控制。

（4）运输和交付控制。

食品生产经营者应当建立食品安全自查制度，定期对食品安全状况进行检查评价。生产经营条件发生变化，不再符合食品安全要求的，食品生产经营者应当立即采取整改措施；有发生食品安全事故潜在风险的，应当立即停止食品生产经营活动，并向所在地县级人民政府食品药品监督管理部门报告。

国家鼓励食品生产经营企业符合良好生产规范要求，实施危害分析与关键控制点体系，提高食品安全管理水平。对通过良好生产规范、危害分析与关键控制点体系认证的食品生产经营企业，认证机构应当依法实施跟踪调查；对不再符合认证要求的企业，应当依法撤销认证，及时向县级以上人民政府食品药品监督管理部门通报，并向社会公布。认证机构实施跟踪调查不得收取费用。

食用农产品生产者应当按照食品安全标准和国家有关规定使用农药、肥料、兽药、饲料和饲料添加剂等农业投入品，严格执行农业投入品使用安全间隔期或者休药期的规定，不得使用国家明令禁止的农业投入品。禁止将剧毒、高毒农药用于蔬菜、瓜果、茶叶和中草药材等国家规定的农作物。食用农产品的生产企业和农民专业合作经济组织应当建立农业投入品使用记录制度。县级以上人民政府农业行政部门应当加强对农业投入品使用的监督管理和指导，建立健全农业投入品安全使用制度。

食品生产者采购食品原料、食品添加剂、食品相关产品，应当查验供货者的许可证和产品合格证明；对无法提供合格证明的食品原料，应当按照食品安全标准进行检验；不得采购或者使用不符合食品安全标准的食品原料、食品添加剂、食品相关产品。

食品生产企业应当建立食品原料、食品添加剂、食品相关产品进货查验记录制度，如实记录食品原料、食品添加剂、食品相关产品的名称、规格、数量、生产日期或者生产批号、保质期、进货日期以及供货者名称、地址、联系方式等内容，并保存相关凭证。记录和凭证保存期限不得少于产品保质期满后六个月；没有明确保质期的，保存期限不得少于两年。

食品生产企业应当建立食品出厂检验记录制度，查验出厂食品的检验合格证和安全状况，如实记录食品的名称、规格、数量、生产日期或者生产批号、保质期、检验合格证号、销售日期以及购货者名称、地址、联系方式等内容，并保存相关凭证。记录和凭证保存期限应当符合《食品安全法》的相关规定。

食品、食品添加剂、食品相关产品的生产者，应当按照食品安全标准对所生产的食品、食品添加剂、食品相关产品进行检验，检验合格后方可出厂或者销售。食品经营者采购食品，应当查验供货者的许可证和食品出厂检验合格证或者其他合格证明。

食品经营企业应当建立食品进货查验记录制度，如实记录食品的名称、规格、数量、生产日期或者生产批号、保质期、进货日期以及供货者名称、地址、联系方式等内容，并保存相关凭证。记录和凭证保存期限应当符合《食品安全法》的相关规定。实行统一配送经营方式的食品经营企业，可以由企业总部统一查验供货者的许可证和食品合格证明文件，进行食品进货查验记录。

从事食品批发业务的经营企业应当建立食品销售记录制度，如实记录批发食品的名称、规格、数量、生产日期或者生产批号、保质期、销售日期以及购货者名称、地址、联系方式等内容，并保存相关凭证。记录和凭证保存期限应当符合《食品安全法》的相关规定。食品经营者应当按照保证食品安全的要求储存食品，定期检查库存食品，及时清理变质或者超过保质期的食品。食品经营者储存散装食品，应当在储存位置标明食品的名称、生产日期或者生产批号、保质期、生产者名称及联系方式等内容。

餐饮服务提供者应当制定并实施原料控制要求，不得采购不符合食品安全标准的食品原料。倡导餐饮服务提供者公开加工过程，公示食品原料及其来源等信息。餐饮服务提供者在加工过程中应当检查待加工的食品及原料，发现有腐败变质、油脂酸败、霉变生虫、污秽不洁、混有异物、掺假掺杂或者感官性状异常的食品、食品添加剂，不得加工或者使用。餐饮服务提供者应当定期维护食品加工、储存、陈列设施、设备；定期清洗、校验保温设施及冷藏、冷冻设施。餐饮服务提供者应当按照要求对餐具、饮具进行清洗消毒，不得使用未经清洗消毒的餐具、饮具；餐饮服务提供者委托清洗消毒餐具、饮具的，应当委托符合《食品安全法》规定条件的餐具、饮具集中消毒服务单位。

餐具、饮具集中消毒服务单位应当具备相应的作业场所、清洗消毒设备或者设施，用水和使用的洗涤剂、消毒剂应当符合相关食品安全国家标准和其他国家标准、卫生规范。餐具、饮具集中消毒服务单位应当对消毒餐具、饮具进行逐批检验，检验合格后方可出厂，并应当随附消毒合格证明。消毒后的餐具、饮具应当在独立包装上标注单位名称、地址、联系方式、消毒日期以及使用期限等内容。

食品添加剂生产者应当建立食品添加剂出厂检验记录制度,查验出厂产品的检验合格证和安全状况,如实记录食品添加剂的名称、规格、数量、生产日期或者生产批号、保质期、检验合格证号、销售日期以及购货者名称、地址、联系方式等相关内容,并保存相关凭证。记录和凭证保存期限应当符合《食品安全法》的相关规定。

食品添加剂经营者采购食品添加剂,应当依法查验供货者的许可证和产品合格证明文件,如实记录食品添加剂的名称、规格、数量、生产日期或者生产批号、保质期、进货日期以及供货者名称、地址、联系方式等内容,并保存相关凭证。记录和凭证保存期限应当符合《食品安全法》的相关规定。

网络食品交易第三方平台提供者应当对入网食品经营者进行实名登记,明确其食品安全管理责任;依法应当取得许可证的,还应当审查其许可证。网络食品交易第三方平台提供者发现入网食品经营者有违反《食品安全法》规定行为的,应当及时制止并立即报告所在地县级人民政府食品药品监督管理部门;发现严重违法行为的,应当立即停止提供网络交易平台服务。

国家建立食品召回制度。食品生产者发现其生产的食品不符合食品安全标准或者有证据证明可能危害人体健康的,应当立即停止生产,召回已经上市销售的食品,通知相关经营者和消费者,并记录召回和通知情况。

食品经营者发现其经营的食品有前款规定情形的,应当立即停止经营,通知相关生产者和消费者,并记录停止经营和通知情况。食品生产者认为应当召回的,应当立即召回。由于食品经营者的原因造成其经营的食品有前款规定情形的,食品经营者应当召回。

食品生产经营者应当对召回的食品采取无害化处理、销毁等措施,防止其再次流入市场。但是,对因标签、标志或者说明书不符合食品安全标准而被召回的食品,食品生产者在采取补救措施且能保证食品安全的情况下可以继续销售;销售时应当向消费者明示补救措施。

食品生产经营者应当将食品召回和处理情况向所在地县级人民政府食品药品监督管理部门报告;需要对召回的食品进行无害化处理、销毁的,应当提前报告时间、地点。食品药品监督管理部门认为必要的,可以实施现场监督。食品生产经营者未依照本条规定召回或者停止经营的,县级以上人民政府食品药品监督管理部门可以责令其召回或者停止经营。

食用农产品批发市场应当配备检验设备和检验人员或者委托符合《食品安全法》规定的食品检验机构,对进入该批发市场销售的食用农产品进行抽样检验;发现不符合食品安全标准的,应当要求销售者立即停止销售,并向食品药品监督管理部门报告。

食用农产品销售者应当建立食用农产品进货查验记录制度,如实记录食用农产品的名称、数量、进货日期以及供货者名称、地址、联系方式等内容,并保存相关凭证。记录和凭证保存期限不得少于六个月。

进入市场销售的食用农产品在包装、保鲜、储存、运输中使用保鲜剂、防腐剂等食品添加剂和包装材料等食品相关产品,应当符合食品安全国家标准。

3. 标签、说明书和广告

预包装食品的包装上应当有标签。标签应当标明下列事项。

(1)名称、规格、净含量、生产日期。

(2)成分或者配料表。

(3)生产者的名称、地址、联系方式。

(4)保质期。

(5)产品标准代号。

(6)储存条件。

(7)所使用的食品添加剂在国家标准中的通用名称。

(8)生产许可证编号。

(9)法律、法规或者食品安全标准规定应当标明的其他事项。

食品经营者销售散装食品,应当在散装食品的容器、外包装上标明食品的名称、生产日期或者生产批号、保质期以及生产经营者名称、地址、联系方式等内容。

食品经营者应当按照食品标签标示的警示标志、警示说明或者注意事项的要求销售食品。食品广告的内容应当真实合法,不得含有虚假内容,不得涉及疾病预防、治疗功能。食品生产经营者对食品广告内容的真实性、合法性负责。

课程 3 咖啡标准体系

一、标准的特征和咖啡及其制品标准的形式

1. 标准的特征

（1）权威性

标准要由权威机构批准发布，在相关领域有技术权威，为社会公认。强制性国家标准一经发布，必须强制执行，推荐性国家标准由国务院标准化行政主管部门制定。

（2）民主性

标准的制定要经过利益相关方充分协商，并听取各方意见。

（3）实用性

标准的制定修订是为了解决现实问题或潜在问题，在一定的范围内获得最佳秩序，实现最大效益。

（4）科学性

标准源于人类社会实践活动，其产生的基础是科学研究和技术进步的成果，是实践经验的总结。

2. 咖啡及咖啡制品标准的形式

咖啡标准主要有两种：一种是文本标准，是一种正式出版物，具有版权；另一种是实物标准，即标准样品。

咖啡标准除具有上述标准普遍特征外，还具有特殊作用。生咖啡属于食用农产品，咖啡及咖啡制品标准是从事咖啡及咖啡制品生产、加工、贮存和营销，以及资源开发与利用必须遵守的行为准则。在市场经济的法规体系中，咖啡及

咖啡制品标准占有重要的地位，是政府规范市场经济秩序，加强咖啡及咖啡制品质量安全监管，确保消费者合法权益的依据；国内外评价和判定咖啡的品质，主要依据包括有关国际组织和各国标准化部门制定的咖啡标准与法规。

标准包括国际标准、国家标准、推荐性国家标准、行业标准、地方标准和团体标准、企业标准。其中国家标准、行业标准和地方标准属于政府主导制定的标准，团体标准和企业标准属于市场自主制定的标准。

推荐性国家标准、行业标准、地方标准、团体标准、企业标准的技术要求不得低于强制性国家标准的相关技术要求。

国家鼓励社会团体、企业制定高于推荐性标准相关技术要求的团体标准、企业标准。

二、国际咖啡产业标准情况

当前，全球咖啡产业标准制定、认证等主要由欧美国家和企业开展。这些国家和企业已经主导建立了一套成熟、完善的国际咖啡产业标准体系，覆盖了咖啡种植、采收、入库交割、品质评价与检测、认证等全产业链环节。

在国际标准制定方面，1980年，国际标准化组织食品技术委员会咖啡分委会（ISO/TC 34/SC 15）设立，主要负责咖啡及咖啡制品领域的标准化，涵盖从生咖啡到咖啡消费整个咖啡产业链。现有正式成员23个，观察成员34个。2021年，中国热带农业科学院成为国际标准化组织食品技术委员会咖啡分委员会的正式成员，代表中国参与咖啡国际标准化相关工作，标志着中国正式从观察成员转为正式成员。目前ISO/TC 34/SC 15负责制定的咖啡类国际标准共计26项，主要涉及术语、储存运输、检测方法和产品标准，我国也参照相关国际标准，结合实际制定了通用标准和行业标准（见表9-1至表9-9）。在国际咖啡豆交易标准制定方面，咖啡国际交易规则制定仍被欧美国家的相关机构或组织所掌控。美国洲际交易所和伦敦国际金融期货交易所是国际咖啡期货最大的两个交易所，其对咖啡期货交易全过程中涉及的程序、规则、要求都做了详细的规定。全球咖啡寡头企业也通过全世界包括中国在内的种植基地推行其咖啡豆收购标准，牢牢掌控咖啡豆交易规则，如雀巢公司也一直致力于标准化建设，从咖啡种植、初加工、收购、储存与运输、深加工、包装、运营管理、社会责任等都制定了一套完整的标准体系。

三、国内咖啡及咖啡制品标准体系

随着中国咖啡产业的发展，咖啡及咖啡制品的生产也日益受到关注，为确保咖啡产品的质量，规范咖啡产品的生产行为，进而深化国际贸易合作，国家有关部门、行业协会及地方相继出台了一系列咖啡及咖啡制品的标准，用以规范咖啡行业的生产活动。下面简要列出咖啡品种、种植管理、加工生产、质量检测、包装运输、品质认证、咖啡行业服务等方面的国家、行业、地方及团体标准。

1. 现行咖啡及咖啡通用标准（见表 9-1）

表 9-1　现行咖啡及咖啡通用标准

序号	标准名称	标准编号	标准类别
1	咖啡及其制品　术语	GB/T 18007—2011	国家标准
2	生咖啡　分级方法导则	GB/T 19181—2018	国家标准
3	热带作物种质资源　术语	NY/T 3238—2018	农业行业标准
4	热带作物种质资源收集技术规程	NY/T 2812—2015	农业行业标准

2. 咖啡种植、病虫害防治标准（表 9-2）

表 9-2　咖啡种植、病虫害防治标准

序号	标准名称	标准编号	标准类别
1	咖啡黑长蠹检疫鉴定方法	GB/T 36837—2018	国家标准
2	农药合理使用准则（一~十）	GB/T 8321.1~10	国家标准
3	咖啡浆果炭疽病菌检疫鉴定方法	GB/T 40457—2021	国家标准
4	咖啡　种子种苗	NY/T 358—2014	农业行业标准
5	咖啡栽培技术规程	NY/T 922—2004	农业行业标准
6	热带作物品种审定规范　第5部分：咖啡	NY/T 2667.5—2016	农业行业标准
7	热带作物种质资源描述评价规范　咖啡	NY/T 3004—2016	农业行业标准
8	小粒种咖啡病虫害防治技术规程	NY/T 1698—2009	农业行业标准
9	热带作物品种试验技术规程　第5部分：咖啡	NY/T 2668.5—2016	农业行业标准
10	咖啡种苗生产技术规程	NY/T 3329—2018	农业行业标准
11	热带作物品种资源抗病虫鉴定技术规程　咖啡锈病	NY/T 3331—2018	农业行业标准

续表

序号	标准名称	标准编号	标准类别
12	热带作物病虫害防治技术规程 咖啡黑枝小蠹	NY/T 3603—2020	农业行业标准
13	植物品种特异性（可区别性）、一致性和稳定性测试指南 咖啡	NY/T 3739—2020	农业行业标准
14	绿色食品 肥料使用准则	NY/T 394—2023	农业行业标准
15	肥料合理使用准则 通则	NY/T 496—2010	农业行业标准
16	咖啡美洲叶斑病菌鉴定方法	SN/T 1450—2004	出入境检验检疫行业标准
17	咖啡潜叶蛾检疫鉴定方法	SN/T 1912—2007	出入境检验检疫行业标准
18	咖啡果小蠹检疫鉴定方法	SN/T 1913—2007	出入境检验检疫行业标准
19	咖啡浆果炭疽病菌检疫鉴定方法	SN/T 3679—2013	出入境检验检疫行业标准
20	小粒种咖啡 第1部分：品种选择	DB53/T 149.1—2023	地方标准（云南省）
21	小粒种咖啡 第2部分：种苗生产	DB53/T 149.2—2023	地方标准（云南省）
22	小粒种咖啡 第3部分：种植管理	DB53/T 149.3—2023	地方标准（云南省）
23	德宏小粒种咖啡复合栽培技术规程	DB5331/T 3—2019	地方标准（云南省德宏州）
24	小粒种咖啡寒害等级	DB53/T 679—2015	地方标准（云南省）
25	中粒种咖啡芽接苗繁育技术规程	DB46/T 245—2013	地方标准（海南省）
26	中粒种咖啡栽培技术规程	DB46/T 274—2014	地方标准（海南省）
27	咖啡黑（枝）小蠹防治技术规程	DB46/T 276—2014	地方标准（海南省）
28	咖啡锈病调查规范	DB53/T 1198—2023	地方标准（云南省）
29	咖啡灭字脊虎天牛调查测报规范	DB53/T 1201—2023	地方标准（云南省）

3. 咖啡初加工、生产标准（表9-3）

表9-3　咖啡初加工、生产标准

序号	标准名称	标准编号	标准类别
1	小粒种咖啡初加工技术规范	NY/T 606—2011	农业行业标准
2	咖啡湿法加工机械设备　技术条件	NY/T 383—1999	农业行业标准
3	咖啡湿法加工机械设备　试验方法	NY/T 384—1999	农业行业标准
4	小粒种咖啡　第4部分：生豆初加工	DB53/T 149.4—2023	地方标准（云南省）
5	小粒种咖啡　第7部分：生豆分级	DB53/T 149.7—2023	地方标准（云南省）
6	小粒种咖啡　第8部分：精品咖啡原料通用要求	DB53/T 149.8—2023	地方标准（云南省）
7	中粒种咖啡初加工技术规程	DB46/T 278—2014	地方标准（海南省）
8	保山小粒咖啡生产技术规程	DB5305/T 41—2020	地方标准（云南省保山市）
9	咖啡果皮茶加工技术规程	DB53/T 1202—2023	地方标准（云南省）
10	精品咖啡鲜果采收要求	T/PCA 004—2023	团体标准（普洱咖啡协会）
11	咖啡鲜果加工成套设备	T/PCA 003—2023	团体标准（普洱咖啡协会）
12	草本咖啡豆、叶茶、花茶栽培技术规程	T/CDNX 042—2020	团体标准（常德市农学会）
13	草本咖啡速溶固体饮料加工技术规程	T/CDNX 043—2020	团体标准（常德市农学会）

4. 咖啡产品质量、食品安全标准（表9-4）

表9-4　咖啡产品质量、食品安全标准

序号	标准名称	标准编号	标准类别
1	固体饮料	GB/T 29602—2013	国家标准
2	咖啡类饮料	GB/T 30767—2014	国家标准
3	植物饮料	GB/T 31326—2014	国家标准
4	食品安全国家标准　食品中污染物限量	GB 2762—2022	国家标准
5	食品安全国家标准　食品中农药最大残留限量	GB 2763—2021	国家标准

续表

序号	标准名称	标准编号	标准类别
6	生咖啡	NY/T 604—2020	农业行业标准
7	焙炒咖啡	NY/T 605—2021	农业行业标准
8	绿色食品 咖啡	NY/T 289—2012	农业行业标准
9	咖啡质量安全追溯管理规范	DB53/T 1200—2023	地方标准（云南省）
10	食品安全地方标准 咖啡果皮	DBS53/ 033—2022	地方标准（云南省）
11	食品安全地方标准 速溶咖啡	DBS53/ 021—2014	地方标准（云南省）
12	地理标志产品 保山小粒咖啡	DB53/T 371—2012	地方标准（云南省）
13	地理标志产品 朱苦拉咖啡	DB53/T 830—2017	地方标准（云南省）
14	地理标志产品 福山咖啡	DB46/T 153—2023	地方标准（海南省）
15	地理标志产品 兴隆咖啡	DB46/T 63—2023	地方标准（海南省）
16	高原特色农产品 普洱咖啡	DB5308/T 7—2014	地方标准（云南省普洱市）
17	咖啡果皮茶	T/PCA 001—2023	团体标准（普洱咖啡协会）
18	冷萃冻干咖啡	T/PCA 002—2023	团体标准（普洱咖啡协会）

5. 咖啡产品质量检验检测、检疫标准（表9-5）

表9-5 咖啡产品质量检验检测、检疫标准

序号	标准名称	标准编号	标准类别
1	生咖啡 分级方法导则	GB/T 19181—2018	国家标准
2	生咖啡 嗅觉和肉眼检验以及杂质和缺陷的测定	GB/T 15033—2009	国家标准
3	食品安全标准 饮料中咖啡因的测定	GB 5009.139—2014	国家标准
4	食品安全国家标准 食品中总酸的测定	GB 12456—2021	国家标准
5	定量包装商品净含量计量检验规则	JJF 1070—2023	国家计量技术规范

续表

序号	标准名称	标准编号	标准类别
6	生咖啡 缺陷参考图	NY/T 1519—2007	农业行业标准
7	咖啡及制品中葫芦巴碱的测定 高效液相色谱法	NY/T 3012—2016	农业行业标准
8	咖啡中绿原酸类化合物的测定 高效液相色谱法	NY/T 3514—2019	农业行业标准
9	袋装生咖啡 取样	NY/T 1518—2007	农业行业标准
10	生咖啡和带种皮咖啡豆取样器	NY/T 234—2020	农业行业标准
11	生咖啡 粒度分析 手工和机械筛分	NY/T 3979—2021	农业行业标准
12	生咖啡和焙炒咖啡整豆自由流动堆密度的测定（常规法）	NY/T 4241—2022	农业行业标准
13	进出口小粒咖啡豆检验检疫规程	SN/T 4320—2015	出入境检验检疫行业标准
14	小粒种咖啡 第5部分：缺陷豆和外来杂质的检验与测定	DB53/T 149.5—2023	地方标准（云南省）
15	小粒种咖啡 第6部分：杯品	DB53/T 149.6—2023	地方标准（云南省）
16	小粒种咖啡 第7部分：生豆分级	DB53/T 149.7—2023	地方标准（云南省）
17	小粒种（Arabica）咖啡豆缺陷分类	DB5308/T 47—2021	地方标准（云南省普洱市）

6. 咖啡产品包装、贮存、运输标准（表9-6）

表9-6 咖啡产品包装、贮存、运输标准

序号	标准名称	标准编号	标准类别
1	食品安全国家标准 预包装食品标签通则	GB 7718—2011	国家标准
2	食品安全国家标准 预包装食品营养标签通则	GB 28050—2011	国家标准
3	限制商品过度包装要求 食品和化妆品	GB 23350—2021	国家标准
4	包装储运图示标志	GB/T 191—2008	国家标准
5	包装设计通用要求	GB/T 12123—2008	国家标准
6	运输包装指南	GB/T 36911—2018	国家标准
7	生咖啡 贮存和运输导则	NY/T 2554—2014	农业行业标准
8	小粒种咖啡 第9部分：生豆贮存与运输	DB53/T 149.9—2023	地方标准（云南省）

7. 咖啡生产后端（咖啡认证标准）（表9-7）

表9-7 咖啡生产后端（咖啡认证标准）

序号	标准名称	标准编号	标准类别
1	有机产品生产、加工、标识与管理体系要求	GB/T 19630—2019	国家标准
2	绿色产品评价通则	GB/T 33761—2017	国家标准
3	有机产品认证目录评估准则	RB/T 164—2018	认证认可行业标准

8. 咖啡生产后端（咖啡行业服务标准）（表9-8）

表9-8 咖啡生产后端（咖啡行业服务标准）

序号	标准名称	标准编号	标准类别
1	家用咖啡机性能测试方法	GB/T 23129—2008	国家标准
2	电子商务直播售货质量管理规范	GB/T 41247—2023	国家标准
3	电子商务模式规范	GB/T 36310—2018	国家标准
4	电子商务产品质量信息规范	GB/T 33992—2017	国家标准
5	咖啡调配师岗位技能要求	SB/T 10734—2012	国内贸易行业标准
6	咖啡厅经营服务规范	SB/T 11071—2013	国内贸易行业标准
7	咖啡厅（馆）等级划分与评定	DB31/T 1173—2019	地方标准（上海市）
8	咖啡服务业规范	DB3301/T 69—2018	地方标准（浙江省杭州市）
9	咖啡赛事 第1部分：组织管理通则	DB53/T 1199.1—2023	地方标准（云南省）
10	咖啡赛事 第2部分：生豆大赛运行规范	DB53/T 1199.2—2023	地方标准（云南省）
11	咖啡厅服务规范	T/KFXH 001—2019	团体标准（中山市咖啡协会）
12	智能现磨自动售卖咖啡机	T/GDBX 004—2019	团体标准（广东省标准化协会）
13	嵌入式家用压力咖啡机	T/ZZB 0421—2018	团体标准（浙江省品牌建设联合会）

续表

序号	标准名称	标准编号	标准类别
14	使用独立热源的家用铝制咖啡壶	T/ZZB 1001—2019	团体标准（浙江省品牌建设联合会）
15	泵压式胶囊咖啡机	T/ZZB 1819—2020	团体标准（浙江省品牌建设联合会）

9. 咖啡生产后端（品牌培育）（表9-9）

表9-9 咖啡生产后端（品牌培育）

序号	标准名称	标准编号	标准类别
1	企业品牌培育指南	GB/T 38372—2020	国家标准
2	品牌管理要求	GB/T 39906—2021	国家标准
3	品牌评价 品牌价值评价要求	GB/T 29187—2012	国家标准
4	品牌价值评价 农产品	GB/T 31045—2014	国家标准
5	区域品牌价值评价 地理标志产品	GB/T 36678—2018	国家标准
6	品牌管理专业人员技术条件	SB/T 10761—2012	国内贸易行业标准
7	服务业高端品牌企业培育 第1部分：培育指南	DB34/T 4063.1—2021	地方标准（安徽省）
8	食品产品品牌价值评价指标及方法	T/CFCA 0009—2019	团体标准（中国副食流通协会）
9	中小企业品牌培育指南	T/CASME 388—2023	团体标准（中国中小商业企业协会）
10	中小企业品牌培育和管理指南	T/CCBD 20—2022	团体标准（中国品牌建设促进会）

四、地理标志产品保护

地理标志是知识产权的一种类型，地理标志产品是针对具有鲜明地域特色的名、优、特产品所采取的一项特殊的产品质量监控制度和知识产权保护制度。地理标志产品具有明确地理标志专用标识，品质优良、特点突出，能反映一个地方的地域特色和历史传承等。

1. 国外地理标志保护法律法规简介

随着经济全球化的发展，地理标志产品的保护日益受到重视。在国际上，用于保护地理标志的法规较多，其中比较重要的是世界贸易组织的《与贸易有关的知识产权协议》，通过推动成员国立法或其他方式，对地理标志的产权进行保护。

世界各地对地理标志产品以立法的形式进行保护。如美国通过《兰哈姆法》保护体系对地理标志进行保护，并由美国专利商标局统一管理；欧盟先后出台《保护农产品和食品地理标识和原产地标记条例》《关于农产品和食品的质量规划条例》等对地理标志产品进行保护。此外，日本颁布的《特定农林水产品等名称保护法》、意大利的《工业产权法典》、加拿大的《商标法》和《全面经济贸易协定》、泰国的《地理标志保护法》、印度尼西亚的《商标法》等。

对于国际贸易过程中地理标志的保护，一般通过《与贸易有关的知识产权协议》《里斯本协定》或各国之间的协定等进行保护，如2021年我国与欧盟签订的《中华人民共和国政府与欧洲联盟地理标志保护与合作协定》，通过大规模互认地理标志，对各国产品进行相互保护，并为贸易往来提供帮助。地理标志产品一般使用特殊的标识进行标记，以便区分地理标志保护产品与其他非保护产品，有的国家和地区使用统一标志（如欧盟），有的则是按照产品类型采用不同标记（如美国），图9-1所示是部分国外地理标志专用标志示例。

| 欧盟 | 美国 | 日本 | 印度 |

图9-1　部分国外地理标志专用标志示例

2. 我国关于地理标志产品的相关规定

我国对地理保护的相关法律法规也在不断发展。1999年，国家质量技术监督局就曾发布过《原产地域产品保护规定》；2001年，我国将"地理标志"写入《中华人民共和国商标法》，正式将地理标志的保护提升到法律高度；2002年，我国修订了《中华人民共和国农业法》，增设"农产品地理标志"制度；2003年国家工商行政管理总局公布《集体商标、证明商标注册和管理办法》，细化了地理标志申请相关规定；2005 年，国家质量监督检验检疫总局出台了《地理标志产品保护规定》；2007 年，农业部发布了《农产品地理标志管理办法》，细化农产品领域地理标志登记和保护规则。此时，形成了以商标保护为主、专门保护为辅的地理标志的保护模式。到 2022 年，《农产品地理标志管理办法》的专门保护暂停注册。2024 年，国家知识产权局根据《中华人民共和国民法典》《中华人民共和国商标法》《中华人民共和国产品质量法》《中华人民共和国标准化法》等有关规定制定并出台了《地理标志产品保护办法》，与《地理标志产品保护规定》相互补充。下面简要介绍我国关于地理标志产品保护相关的基本规定。

（1）地理标志产品

根据《地理标志产品保护规定》，地理标志产品是指产自特定地域，所具有的质量、声誉或其他特性本质上取决于该产地的自然因素和人文因素，经审核批准以地理名称进行命名的产品。根据《地理标志产品保护办法》，地理标志产品是指产自特定地域，所具有的质量、声誉或者其他特性本质上取决于该产地的自然因素、人文因素的产品。

（2）地理标志产品保护申请

《地理标志产品保护规定》规定：地理标志产品保护申请，由当地县级以上人民政府指定的地理标志产品保护申请机构或人民政府认定的协会和企业提出，并征求相关部门意见。出口企业的地理标志产品的保护申请向本辖区内出入境检验检疫部门提出；按地域提出的地理标志产品的保护申请和其他地理标志产品的保护申请向当地（县级或县级以上）质量技术监督部门提出。

《地理标志产品保护办法》规定：地理标志产品保护申请，由提出产地范围的县级以上人民政府或者其指定的具有代表性的社会团体、保护申请机构提出。地理标志产品的保护申请材料应当向省级知识产权管理部门提交。

（3）地理标志产品标准制定

《地理标志产品保护规定》规定：拟保护的地理标志产品，应根据产品的类别、范围、知名度、产品的生产销售等方面的因素，分别制订相应的国家标准、地方标准或管理规范。国家标准化行政主管部门组织草拟并发布地理标志保护产品的国家标准；省级地方人民政府标准化行政主管部门组织草拟并发布地理标志保护产品的地方标准。

《地理标志产品保护办法》规定：地理标志产品获得保护后，根据产品产地范围、类别、知名度等方面的因素，申请人应当配合制定地理标志产品有关国家标准、地方标准、团体标准，根据产品类别研制国家标准样品。

（4）地理标志产品专用标志及使用申请

2019年，国家知识产权局发布我国地理标志专用标志（见图9-2）。根据商标法、专利法等有关规定，国家知识产权局对地理标志专用标志予以登记备案，并纳入官方标志保护。我国地理标志设计选用最具代表性的自然地理和人文历史符号，以长城及山峦剪影为前景，以稻穗象征丰收，代表着中国地理标志卓越品质与可靠性。选用透明镂空的设计，增强了标志在不同产品包装背景下的融合度与适应性，便于企业在不同类型产品和各异包装中进行设计使用。以经纬线地球为基底，中文为"中华人民共和国地理标志"，英文为"GEOGRAPHICAL INDICATION OF P.R.CHINA"，"GI"为国际通用的"Geographical Indication"缩写名称。

在使用地理标志产品专用标志时，需要根据相关法律法规进行申请。《地理标志产品保护规定》要求："地理标志产品产地范围内的生产者使用地理标志产品专用标志，应向当地质量技术监督局或出入境检验检疫局提出申请"。《地理标志产品保护办法》规定："地理标志产品产地范围内的生产者使用专用标志，应当向产地知识产权管理部门提出申请"。

图9-2 我国地理标志专用标志

3. 国内外咖啡地理标志产品简介

随着咖啡产业发展，高品质咖啡越来越受到青睐，拥有地理标志保护的咖啡产品也越来越受到关注。国外很多咖啡产区都申请了地理标志产品保护，例如哥伦比亚的"哥伦比亚咖啡（Cafe de Colombia）"、巴西的"塞拉多米内罗（Cerrado Mineiro）"和"卡帕拉奥（Caparaó）"等14种咖啡、牙买加的"蓝山咖啡（Blue Mountain）"、危地马拉的"安提瓜咖啡（Antigua coffee）"、美国夏威夷的"科纳咖啡（Kona coffee）"、埃塞俄比亚的"Harrars"和"Yirgacheffes"咖啡、坦桑尼亚的"乞力马扎罗咖啡（Kilimanjaro coffee）"、埃塞俄比亚"西达摩咖啡（Sidamo coffee）"、印度尼西亚的"Gayo"和"Mandheling"咖啡、泰国的"Doi Tung"咖啡和"Doi Chaang"咖啡等。随着我国咖啡产业的快速发展，来自我国云南省、海南省等咖啡主要产区的咖啡也获得了国家地理标志产品保护，如云南的"保山小粒咖啡""朱苦拉咖啡""德宏咖啡""普洱咖啡"，海南的"兴隆咖啡""福山咖啡"等。

4. 咖啡地理标志产品保护要求

目前，我国咖啡地理标志产品保护正处于蓬勃发展阶段，在申请和获批时，需要注意其保护要求，下面以"普洱咖啡"地理标志产品保护要求为例，简要进行介绍。

普洱咖啡地理标志产品保护要求

国家知识产权局公告（第四四四号）

（1）地理标志产品名称

普洱咖啡。

（2）申请机构

云南省普洱市人民政府。

（3）产地范围

云南省普洱市现辖行政区域。

（4）质量要求

1）种源

卡蒂莫（Catimor）、铁毕卡变种（*Coffea arabica* var. *typica* Cramer）、波邦变种（*Coffea arabica* var. *bourbon* Choussy）、卡杜拉变种（*Coffea arabica* var. *caturra* KMG）。

2）地理条件

海拔≥800 m，坡度≤25°的缓坡丘陵，土壤类型为砖红壤、燥红壤、砂壤和黄壤，土层厚度≥80 cm，地下水位≤1 m，有机质含量≥1%，土壤pH值5.5~6.5。

3）栽培管理

①播种育苗。最佳开挖种植沟的时间为10月至次年4月，沿等高线开挖，

台面宽 1.8~2.0 m，种植沟的规格为口宽 60 cm、深 50 cm、底宽 40 cm。于 12 月至次年 1 月播种育苗。

②定植时间。6—7 月定植，壮苗株高 ≥ 15 cm，且有 4~5 对真叶。

③栽植密度。根据品种特征合理密植，株距 0.8~1.2 m。

④施肥。采用测土施肥、营养诊断施肥等方法合理施肥。基肥以有机肥和矿物源肥料为主。一年施肥 2~3 次。

⑤环境、安全要求。农药、化肥等的使用必须符合国家相关规定，不得污染环境。

4）采收

随熟随采，从里向外采摘，只采红色或黄色成熟果，分批分级采摘、分级盛装、分别加工。咖啡鲜果分三级，各级界定标准为：一级果，正常成熟的无疤痕成熟果；二级果，正常成熟的外果皮局部有疤痕的及成熟度稍差果柄端稍绿的果；三级果，除一级果、二级果以外的所有咖啡鲜果。

5）加工工艺

①湿法加工。鲜果分级→鲜果脱皮→脱胶→清洗分级→干燥→脱壳→分级包装→入库。

②干法加工。鲜果分级→日晒→脱果皮、种壳→分级包装→入库。

③半干法加工（蜜处理）。根据日晒时间与果胶量不同又分为黑蜜、红蜜、黄蜜三种加工工艺，具体工序如下：

a.黑蜜。鲜果分级→鲜果脱皮（保留 80%~100% 果胶）→日晒→脱壳→分级包装→入库；

b.红蜜。鲜果分级→鲜果脱皮→脱胶（保留 50%~80% 果胶）→日晒→脱壳→分级包装→入库；

c.黄蜜。鲜果分级→鲜果脱皮→脱胶（保留 20%~50% 果胶）→日晒→脱壳→分级包装→入库。

6）特色质量

①感官特色。生咖啡颗粒均匀饱满有光泽，呈圆形或椭圆形。自然光下颜色呈浅蓝色或浅绿色。清新无异味。杯品香气浓郁而不烈，口感醇厚，带有果酸风味特性。

②理化指标。粒径 ≥ 5.56 mm，粒度占比 ≥ 90%，水分 ≤ 12%，灰分 ≤ 4.2%，水浸出物 ≥ 27.5%，蛋白质 ≥ 11.5%，咖啡因 ≥ 0.8%，粗脂肪 ≥ 6.0%，

粗纤维≤35.0%，总糖（以还原糖计）≥8.5%，总酸≥0.5%。

③安全及其他质量要求。产品安全及其他质量要求必须符合国家相关规定。

（5）专用标志使用

普洱咖啡产地范围内的生产者可向云南省普洱市知识产权局提出使用"地理标志专用标志"的申请，经云南省知识产权局核准后予以公告，并报国家知识产权局备案。普洱咖啡的检测机构由云南省知识产权局在符合资质要求的检测机构中选定。